101 Dinge,
die man über Hubschrauber wissen muss

F-WWPB

Helmut Mauch | Michael Mau

101 Dinge die man über Hubschrauber wissen muss

Inhalt

Vorwort

Wenn das noch Leonardo da Vinci erlebt hätte!

Hubschrauber bevölkern den Himmel. Mit dem scheinbar unaufhaltsamen Einzug der »Drohnenschwärme« in den Drehflügelsektor haben sich zwar die Dimensionen und Verwendungszwecke verändert, das Funktionsprinzip des Hubschraubers ist dasselbe geblieben. Obwohl man sich an den Hubschrauberverkehr gewöhnt hat, bleiben dennoch viele Fragen zu den technischen Einzelheiten offen.

Es haben sich während der Entwicklung einige typische Einsatzkonzepte herausgebildet und viele Konstruktionen haben Bekanntheit erreicht. Ob über Flachland oder Gebirge, über See, bei Tag und Nacht, der Hubschrauber übernimmt viele Aufgaben zu jeder Tageszeit. In mancher Hinsicht konkurriert er mit den Flächenflugzeugen.

Und dann bleiben dann noch die physikalischen Aspekte: Was ist das Drehmoment und welches Rotorsystem kann es kompensieren? Wie funktioniert die Steuerung und was passiert nach einem Motorausfall?

Diese und weitere Fragen finden auf den folgenden Seiten erklärende Antworten.

Fürstenfeldbruck im Herbst 2022

Helmut Mauch

Hubschrauber – Drehflügler

1

Der Traum vom Fliegen

Viele Darstellungen aus alten Zeiten berichten vom uralten Traum des Menschen vom Abheben von der Erde. Zumeist verfolgte man die Lösung mit schlagenden Flügeln auch größeren Ausmaßes, aber das gelang lediglich beim Absprung von Erhebungen – mit ungewisser Landung. Immerhin war damit zumindest der Gleitflug angedacht. Aber die Vorstellung vom senkrechten Abheben und Landen war stets präsent. Es dauerte bis vor ungefähr 400 Jahren, bis plötzlich auf dem Luftfahrtsektor ein Leonardo da Vinci mit seinen Ideen erschien und über den Bau von Flugmaschinen nachdachte. Doch zunächst hielt man sich an das Vorbild der Vögel und erhoffte, durch deren Nachahmung mit Flügelschlägen vom Boden abheben zu können. Doch die menschliche Kraft allein reicht für ein senkrechtes in die Luft tragendes Moment nicht aus.

Leonardo da Vincis Luftschraube

So ist bis heute Leonardos bekannte Skizze von einer Art Hubschrauber immer noch zumindest als Logo oder Symbol in Gebrauch. Eigentlich ist dort das Prinzip des Helikopters dargestellt, stammend aus dem Griechischen »helikos« (Spirale) und »pteron« (Flügel). Die Idee zeigt die flächigen Flügel, die sich in ansteigendem Winkel um eine senkrechte Achse drehen und in dieser Anstellung Auftrieb erzeugen. Im Vergleich zur Archimedischen Schraube sind die Konstruktionen zwar verschieden, aber

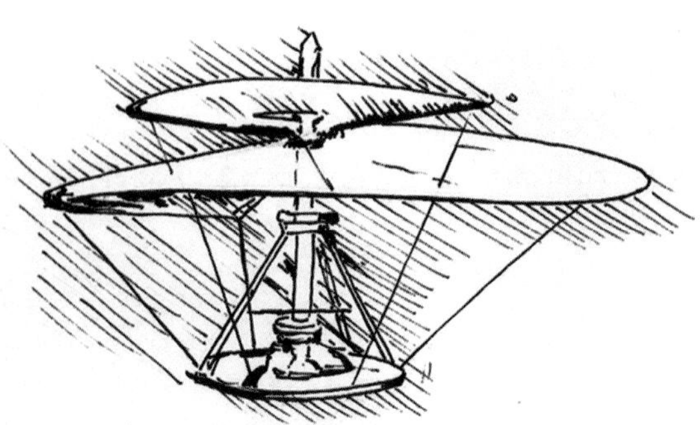

Leonardo da Vinci hat schon im 15. Jahrhundert einen Helikopter skizziert. Bild: Helmut Mauch

Der Russe Igor Sikorsky war einer der großen Pioniere der Hubschrauberkonstruktion. 1919 ist er in die USA ausgewandert und hat dort eine Firma gegründet. Bild: Archiv Helmut Mauch

im Prinzip stimmen die beiden durchaus überein. Was den Antrieb angeht, musste die Menschheit noch Jahrhunderte warten, so ist auf Leonardos Skizze noch humane Kraft von Nöten.

Dass allerdings dabei eine andere Kraft erscheint, konnte man noch nicht, aber später umso deutlicher verspüren, nämlich das Rückdrehmoment nach der Devise »Aktion gleich Reaktion«. Auch die Steuerung des Apparates war noch ungelöst und man hatte noch keine Vorstellung von der Komplexität dieser Anlagen. Die gebräuchlichsten Hubschrauber-Muster haben sich trotz der Vielfalt herauskristallisiert und stellen sich mit aerodynamischer Formgebung des Rumpfes, einem Hauptrotor und einem Ausgleichsrotor in diverser Konstruktion dar. Den Antrieb übernehmen Kolbenmotor oder Gasturbine. Aber das Prinzip bleibt bestehen. Auch der elektrische Antrieb rückt zunehmend in den Vordergrund. Der erste Flug gelang dann dem Franzosen Paul Cornu mit einer eigenen Konstruktion.

Der Rotor

2

Es gab auch viele Experimente

Das Tragwerk des Helikopters – der Rotor – hat sehr verschiedene Bauentwürfe erlebt. Die Hauptaufgabe – die Auftriebserzeugung – war anfangs an die reduzierte Form des Flügels eines Flächenflugzeugs angelehnt. Es gab zwar Versuche mit solchen Tragflächen, aber die Kräfteverteilung und Kreiselwirkungen machten die Projekte erfolglos. Bei den Materialien war man erst auf Holz, Leim und Bespannstoffe angewiesen und übernahm sogar teilweise jene aus dem Segelflugzeugbau. Zur Aussteifung der Blätter steifte man die Sperrholzbeplankung mit Profilrippen aus. Bei der unsymmetrischen Auftriebsverteilung innerhalb der Rotorfläche musste wegen der Biegebelastung der Blätter ein guter Kompromiss gefunden werden, der einerseits am Innenkreis genügend Auftrieb leistete und an der Außenpartie nicht zu schnell angeströmt wurde. Die Zentrifugalkraft musste die Blätter »ausreichend« strecken können, damit diese sich nicht zu stark durchbiegen.

Auch die Polizei besitzt eine größere Zahl an Hubschraubern. Bild: Archiv Michael Mau

Mit sechs Blättern ist auch die Rotorflächendichte der Sikorsky S-64 Skycrane relativ hoch und belastet. Bild: Michael Mau

Die Hauptrotoren waren praktisch charakteristische Tragflügel. Der Anschluss der Blattgriffe verlief zunächst über ein Schlaggelenk, da man feststellte, dass die unterschiedliche Strömung während der Vorwärtsfahrt Auf- und Abwärtsschlagen verursachte. Diese Kräfte mussten abgeleitet werden, ohne dass hierdurch andere Einwirkungen zu stark in Erscheinung traten.

Position und verschiedene Formen

Der Rotor bestimmt mit seiner gesteuerten Neigung während des Umlaufs der Rotorblätter die Schwebe- und die Flugrichtung. Die Rotoren sind mit bestimmtem Abstand zur Rumpfoberseite gelagert, dass eine Berührungsgefahr ausgeschlossen ist, auch eine Distanz zum Heckrotor ist angemessen und dabei sind gegenseitige Beeinflussungen bei diversen Flugzuständen berücksichtigt. Aus frühen Zeiten der Rotorentwürfe sind auch Systeme bekannt mit mehreren Rotoren, deren Gegenläufigkeit auch das Drehmoment ausglichen. Bei der Entwicklung der Drehflügler kamen Exemplare mit mehreren Rotoren und solche mit sogar einem Blatt und Gegengewicht zustande. Meist rückte man von solchen Experiment gebliebenen Entwürfen wieder ab und man fand sich in einer Kompromisslösung wieder. So kennt man in der Helikopter-Geschichte mindestens Zweiblattrotoren und maximal solche mit acht Blättern.

Wussten Sie schon?

Der Rotorkopf, eines der wichtigsten Bauteile des Hubschraubers, ist der höchste Punkt (außer der typabhängigen Höhenflosse), um den sich wirklich Alles dreht. Oft auch als die Rotornabe bezeichnet, da an ihr alle tragenden Teile ein- bzw. aufgehängt sind. Die Entwicklung geht vom zweiblättrigen Rotor mit einfacher Verbindung zu einem Drehgelenk zur Blatteinstellung. Komplizierter wurde es beim Anbringen von mehreren Drehflügeln, da der Anschluss mehr Platz benötigt. Das Phänomen der einsetzenden Rolltendenz bei Aufnahme von Vorwärtsfahrt konnte zuerst bei Gyrocoptern erkundet werden, wobei den vorlaufenden Blättern Schlagbewegung durch ein Gelenk ermöglicht wurde. Auch wurde diese Tendenz mittels Stahllamellen aufzunehmen versucht, um dann als Starr-Rotor zu gelten. Beim Zweiblattrotor gibt es die Lösung, am oberen Punkt des Kopfes ein gemeinsames Schlaggelenk in einem Kardanring anzusetzen, wodurch der Rotor eine Hin- und Herbewegung ohne Längenänderung einleitet. Dies wird durch eine gelenkige Maßnahme erlaubt. Um irgendwelche Überbeanspruchungen im Rotorkopf und in den Blattanschlüssen zu vermeiden, hat sich über die längste Zeitspanne der voll gelenkige Rotor durchgesetzt. Der Rotor mit Quasigelenken ist bereits Jahrzehnte in Verwendung. Der Starflexrotor besteht aus einem Kunststoff-Stern, in dem die Blattwurzeln eingehängt sind und Schlagbewegungen zulässt. Er wird Starflexrotor genannt. Eine andere Version von halbstarren und starren Aufhängungen ist mit einem Kunststoffbarren gelungen, der in einem sogenannten »Ärmel« steckt und Schlag- und Schwenkbewegungen sowie eine Verdrehung für flexible Einstellwinkeländerungen zulässt. Der Anschluss des Blatt-Verstellhebels ist außerhalb am »Ärmel« angebracht. Diese Ausfertigung erlaubt auch extreme Fluglagen wie zum Beispiel Kunstflug mit positiver Belastung und was beim Hubschrauber sonst als Tabu gilt: Fluglagen mit negativer Beschleunigung wie beim Überschlag (Loop) vorwärts.

Links: Dreiblattrotor der Hughes-269. Rechts: Der Rotorkopf ist aus Titan. Bilder: Mau/ Mauch

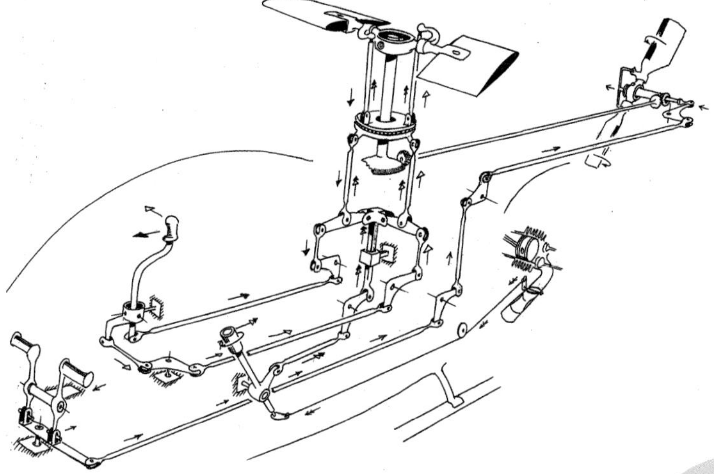

Vereinfachte Darstellung der Steuerorgane eines Hubschraubers mit Heckrotor. Hier wird noch alles »von Hand« geflogen. Bild: Helmut Mauch

Die Steuerung

Wohin soll es gehen?

Die Steuerung des Helikopters umfasst die Beweglichkeit der Hauptrotorblätter und des Heckrotors. Wegen der erforderlichen umfangreichen Mehrfacharbeit und Koordination ist sie sehr anspruchsvoll. Die Lenkbarkeit ermöglicht die Veränderung der Fluglage und besonders deren Beibehaltung im Schwebeflug, der für seine Problematik während der Schulung fast berüchtigt ist. Alle Steuerelemente müssen ergonomisch angeordnet sein, um Fehlreaktionen zu vermeiden und möglichst leichtgängig wegen der genauen Präzision und besonders zur Kräfteeinsparung.

Zum Abheben hebt man den kollektiven Blattverstellhebel den »Pitch« entsprechend der beabsichtigten Höhe an. Damit werden die Hauptrotorblätter gleichzeitig und gleichgroß angestellt und der Auftrieb nimmt zu. Zudem versucht der Hubschrauber, wegen des wachsenden Drehmoments um die Hochachse (einfacher Rotormast) zu gieren. Diese Gierbewegung wird mit dem Fußpedal unterbunden. Wohin der Hubschrauber jetzt bereits tendiert, deutet er entweder seitlich schiebend oder mit Tendenz rückwärts oder vorwärts an. Solche Ausweichungen sind normal. Diese werden nun mit dem zentralen Steuerknüppel – dem Stick – korrigiert.

Damit wird die periodische Blattverstellung (auch als zyklische Blattverstellung bezeichnet) gesteuert. Gerät der Heli seitlich oder in nicht gewollte Richtung, so bewegt man den Stick in Gegenrichtung, bis man zum Stillstand kommt. Die Steuerelemente sind untereinander total unabhängig. Die Koordination verlangt keine gleichsinnigen Ausschläge, sondern aufeinander abgestimmte feinsensorische Bewegungen. Die Flexibilität des Rotors liegt in den Blattgriffen oder Blattwurzeln. So ist damit also gleichzeitig eine Änderung des Blatteinstellwinkels und des kollektiven Einstellwinkels möglich.

Es kann sein, dass auf der rechten Rotorkreishälfte dadurch ein größerer Anstellwinkel wirkt als auf der linken. Damit wird beispielsweise ein linkstendierender Schwebeflug oder in der Vorwärtsfahrt eine Linkskurve eingeleitet.

Oben: Die Steuerung des Hubschraubers besteht aus dem kollektiven Blattverstellhebel (Pitch), dem zyklischen Blattverstellhebel (Stick) und der Heckrotorsteuerung über Pedale.
Bild: Archiv Michael Mau

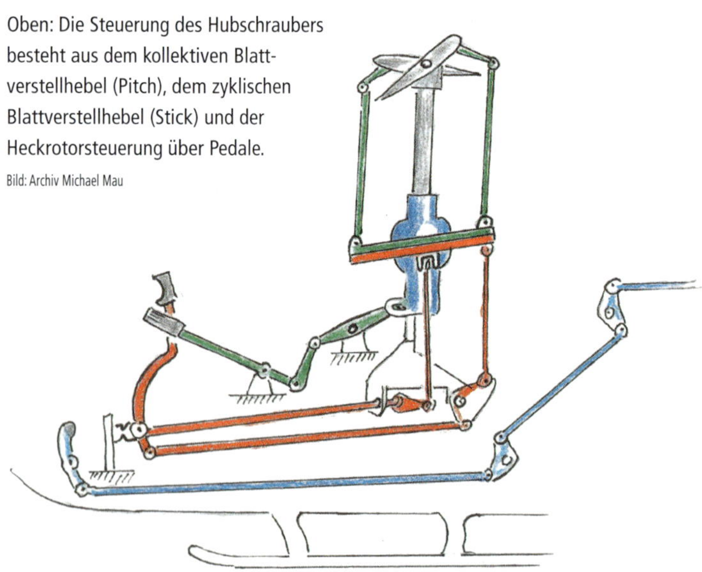

Die Mischung der kollektiven (grün), der periodischen (rot) und der Richtungs-Steuerung (blau) erfordert koordinierte und sensible Handhabung. Bild: Helmut Mauch

Die Taumelscheibe

4

Eine Frage der Verbindung

Die Taumelscheibe ist das Herzstück der Hubschraubersteuerung. Sie verbindet den stehenden Teil der Anlage mit den drehenden, dynamischen Komponenten. Die Anschlüsse führen von unterhalb zum zunächst festen Teil und sind dort mit Gelenken verbunden. Die Taumelbewegung ist durch die beiden quer- und längsflexibel montierten Gelenke um 360° möglich. Diese Rundum-Neigung ist mit dem Prinzip einer Kugelkalotte erklärbar. Außer der rein mechanischen Steuerkinematik gibt es auch die Möglichkeit des »Fly by wire« – der via elektrisch geladenem Draht gelenkte Impuls. Der obere Teil der Taumelscheibe dreht in der gleichen Drehzahl wie der Rotor mit. Diese »Kooperation« ist durch eine flexible Knickstrebe zum Rotormast eingebaut. Die flexiblen Verbindungen zwischen Taumelscheibe und Gestänge sind durch Schwenklager erlaubt, hier in der Zeichnung deutlich dargestellt.

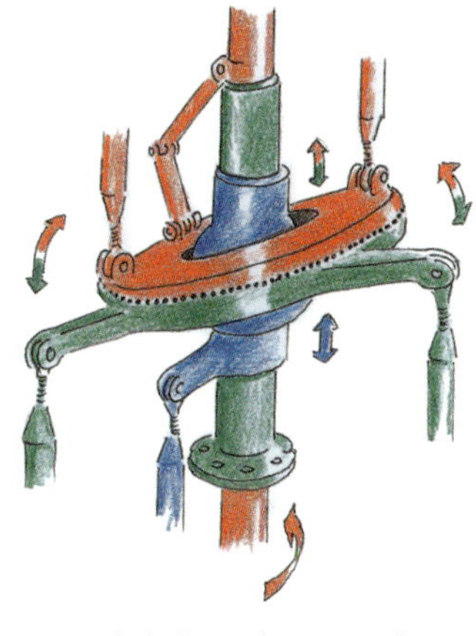

Die Taumelscheibe ist das Herzstück der Rotorsteuerung um 360 Grad und in vertikaler Richtung. Bild: Helmut Mauch

Die Steuerhörner, welche zur unteren Scheibe führen, sind mit hebelwirksamer Länge geformt, damit sie auch noch bei Ausfall der Hydraulikunterstützung bewegbar sind. Die Hydraulikanlage greift an dem unteren Teil der Taumelscheibe an zwei Punkten an. Zwischen beiden Scheiben befindet sich ein großes Kugellager, welches die Drücke weitergeben muss und nicht erwähnenswert erscheint. Der obere, drehende Teil der »Swash plate« geht nicht immer direkt zu den Blattverstellhebeln nach oben. Manchmal führen die Stoßstangen über einen kleineren Querhebel, der aus einem Dämpfer ragt, womit dieser ein sogenanntes Mitspracherecht hat. Die kollektive Verstellung ist vom Prinzip her über eine Schiebehülse ermöglicht, die gleichzeitig gleichgroße Einstellungen weiterführt. So sind beide Steuerorgane voneinander unabhängig verstellbar. Der Koaxialrotor wird über seine zwei Taumelscheiben bewegt.

Schlag- und Schwenkgelenke

5

Dem Rätsel auf der Spur

Das Spektrum der Rotorgelenke reicht von starr bis gelenklos. Die ersten Versuche mit einem senkrecht startenden Fluggerät fanden erst ohne Gelenke statt, da man die Komplexität noch nicht erahnte. Man war zunächst mit der wirksamen Lösung des Problems der Steuerung beschäftigt.

In der ersten Phase der Beweglichmachung der Rotorblätter kam Unterstützung von Seiten der früheren Drehflüglersparte – dem Tragschrauber. Es wurde erkannt, dass wenn der Drehflügler Fahrt aufholt, er eine Rollbewegung zu der aus der Fahrt herausdrehenden Seite beginnt. Es musste also der Anstellwinkel auf der gegenüber liegenden Rotorhälfte verkleinert werden. Ein Gelenk sollte die Lösung sein. Nun konnte auch der Zweiblattrotor mit einem gemeinsamen Schlaggelenk dieses Problem der unsymmetrischen Anströmung erkennbar machen.

Ein weiteres Rätsel wartete jedoch bereits. Wenn ein Rotorblatt aufwärts schlägt, wird es in Flugrichtung gesehen kürzer. Die Wirkung ist als Pirouetten-Effekt bekannt, nicht nur in der Fliegerei als Corioliskraft bezeichnet. Auch diese Bewegung muss aufgefangen werden, nämlich mit einem Schwenkgelenk. Die einfachste Lösung ist ein Kardangelenk, welches Schlag- und Schwenkbewegungen aufnimmt. So werden außer metallenen »Scharnieren« auch Kunststoffe verwendet, die als Quasi-Gelenke dienen. Letztlich setzte sich vielfach der gelenklose Blattanschluss durch, auch bei Heckrotoren.

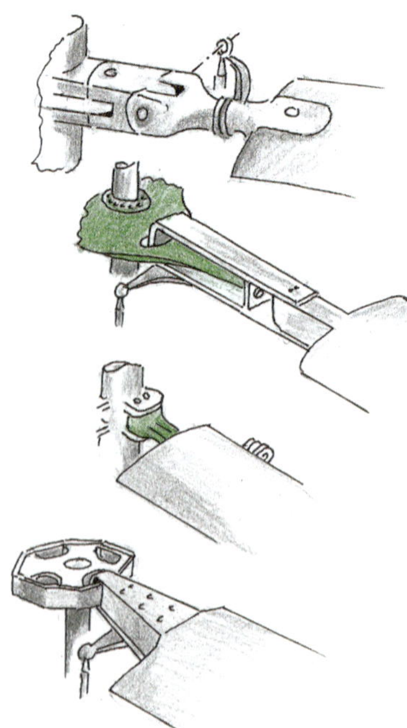

Die Schlag- und Schwenkgelenke im Rotorsystem. Bild: Helmut Mauch

Profile

6

Viele Strömungen gleichzeitig

Die Rotorblätter sind auf den meisten Fotoaufnahmen unklar – bis auf die langsameren Innenpartien. Das Blatt wird in ungefährer Fläche erkannt, aber sein Querschnitt – das Profil ist verwischt. Die meisten Profile werden im Windkanal oder im Computer entworfen, wobei immer ein Kompromiss gefunden werden muss. Es schien am Anfang der Hubschrauberei ein Dilemma zu sein, da am Drehflügel verschiedene Anströmgeschwindigkeiten gleichzeitig herrschen. Wenn man die ersten Hubschrauber aus dem Versuchsstadium mit den heutigen Entwicklungen vergleicht, so macht sich kein gravierender Unterschied bemerkbar. Zunächst fand man Anlehnung an die ersten Flugzeugtragflächen, da hier eine tragfähige Lösung vorlag.

Man hatte eine ausreichend tragende Fläche und »irgendeinen« Flügelquerschnitt, der sich auch bewährte. Es war primär an die Auftriebsgewinnung und an Widerstandsarmut zu denken. Bei verschiedenen Anstellungen, ohne dass zu früh der Strömungsabriss eintrat und der Widerstand zu hoch wurde, sollte die Strömung möglichst lange am Profil anliegen. Diese Eigenschaft ist beim »Fixed wing« genauso lebenswichtig wie beim Drehflügler. Als Kompromiss bildet das »Air foil« eine Mixtur aus gutmütigen Eigenschaften im Langsamflug und harmlosen im Schnellflug. Auf den Drehflügler übertragen bedeutet das im Innenbereich des Rotors gutmütiges und im Außenbereich ein widerstandsarmes Profil. Es sind einige Entwürfe im »Dauereinsatz« wie die Göttinger und die NACA-Profile.

Die Rotorblätter zeigen ähnliche aerodynamische Profile und sind Tragflügeln nachempfunden, die Materialien sind ebenfalls different.

Bild: Helmut Mauch

Die Sache mit der Stabilität

7 Leitwerk oder doch nicht?

Manchmal wird die Heckpartie mit den Flossen mit einem Leitwerk versehen. Doch der typische Hubschrauber hat kein Leitwerk. Dazu bedarf es in den meisten Fällen wie zum Beispiel beim Flächenflieger beweglicher Flächen mit Rudern oder Pendelrudern. Sämtliche Flächen am Rumpfende oder Heckausleger dienen beim Drehflügler der möglichen Stabilisierung während der Vorwärtsfahrt. Die ungefähre Wirkung ist mit den Flights eines Wurfpfeils vergleichbar. Die auffälligste Fläche ist die senkrechte Flosse, die etwa vor dem Heckrotorstrahl sitzt. Sie kann zweiteilig – oberhalb und unterhalb – am Heck angebracht sein. Sie sind zweiteilig strukturiert, da eine Flosse in ihrer doppelten Größe nicht einfach anzubringen wäre. Sie ist auch weit genug von der Hubschrauber-Hochachse entfernt, um Hebelwirkung zu zeigen. Eine seitliche Versetzung um einige Grad unterstützt den Heckrotor bei Anströmung von vorne. Durch die positive Pfeilung stellt sich die Vorderkante in steilerem Winkel in den Strahl des Hauptrotors für bessere Wirkung. Einige Helikopter tragen am oberen Ende der Seitenflosse eine

Die aufwendige Ausstattung der Bell 427 mit vertikalen Flächen erhöht die Stabilität um die Hochachse. Bild: Michael Mau

horizontale Flosse. Diese ragt bei Fahrt aus dem Rotorstrahl heraus. Die meisten Höhenflossen sind beidseitig auf Höhe der Rumpfröhre oder unterhalb angesetzt. Oft ist diese in negativer Profilform ausgeführt. Damit wird ein Abtrieb in Fahrt erzeugt – ein »Down wash«, sodass in Fahrt der Rumpf in Normallage gehalten wird und nicht zu weit überstülpt. Manche Flossen sind beweglich gehalten. Bei manchen Helikoptern ist an der Flossennase ein Vorflügel (mit Schlitz) angebracht, damit dort die steile Strömung nicht abreißt. Bei Koaxialhubschraubern fallen die lenkbaren Seitenflossen des doppelten Seitenleitwerks auf. Diese sind profilmäßig nach außen versetzt, um in Vorwärtsfahrt mit sogenannter »Schwalbenschwanzwirkung« Gierschwingungen zu dämpfen.

Der Heckrotor

8

Der Platz auf der Seite hat sich bewährt

Es gibt verschiedene Argumente für die Anbringung des Heckrotors auf einer Seite am Rumpfende. Wichtig ist bei einer solchen Platzierung der möglichst ungestörte Abstrahl des Heckrotors. Damit wird die beste Wirkung erzielt. Eine völlig ungestörte Strömung ist allerdings nicht machbar, da in dem Fall des »drückenden« Heckrotors zumindest die Wirbel des Rumpfendes zu überwinden sind.

In bestimmten Flugsituationen und je nach Sitz der Seitenflosse müssen auch deren Turbulenzen »geschluckt« werden. Das Heckrotorgetriebe ist auf Druck belastet, daher »drückend«. Der Achsstum-

Der doppelte Zweiblatt-Heckrotor erhöht die Leistung um die Gierachse und verringert das Lärmniveau. Bild: Helmut Mauch

mel ist genügend lang, damit bei extremen Schlagbewegungen des Ausgleichsrotors eine Berührungsgefahr ausgeschlossen ist. Zu zwei Beispielen: der Heckrotor der Agusta-109 ist drückend, jener der Bell-47 ziehend. Letzterer sitzt an einem relativ dünnen wirbelarmen Endrohr, welches keine große Verwirbelung im Abstrahl erzeugt. Dafür ist der ziehende Heckrotorstrahl im Ansaugbereich frei, sodass die Rotorfläche unverwirbelt bleibt. Die Tatsache des Anfachens von Schwingungen beim jeweiligen Auftreffen eines Zweiblatts auf das Rumpfende kann ignoriert werden. Während der drückende Heckrotor das Getriebe auf Druck belastet, wird das Ziehende auf Zug beansprucht.

Während der Vorwärtsfahrt werden Heckrotoren schräg und daher unsymmetrisch durchströmt, was wie beim Hauptrotor einen Freiheitsgrad zum Schlagen erfordert. So lautet der Lehrsatz zum Zweck des schrägen Schlaggelenkbolzens, dass bei einem nicht rotationssymmetrischen Anströmzustand ein Blattwinkel-Rücksteuerungseffekt eingeleitet werden muss. Siehe auch Kapitel 24: »Delta-Drei-Effekt«.

Das heckrotoreigene Drehmoment

Der Drehmomentausgleich durch den Heckrotor am Rumpfende ist hinreichend bekannt. Dabei handelt es sich um die Gegenkraft zum Rückdrehmoment des Hauptrotors. Sobald sich dessen Leistung verändert, muss auch der Ausgleichsrotor entsprechend verändert werden. Hierbei geht es nur um eine kreisbogenähnliche Bewegung um den Mast des Hauptrotors. Der »kleine« Rotor am Heck greift mit langem Hebelarm an und dabei bleibt der größte Teil seiner Rotorfläche unterhalb der Hauptrotorebene. Der obere Teil ragt beim Vorwärtsflug aus dem Rotorstrahl heraus und erfährt dadurch Zusatzanströmung und selbst einen Anteil von Übergangsauftrieb.

Der Ausgleichsrotor hat neben seiner Hauptaufgabe noch einen kleinen Nebeneffekt: Sein eigenes Dreh-

Für die Giersteuerung sind verschiedene Arten von Heckrotoren aktuell im Einsatz.

Bild: Michael Mau

Die NH-90 ist mit »drückendem« Heckrotor ausgestattet. Bild: Rony Wenske

moment. Die Blätter leisten während der Rotation Luftwiderstand. Das heißt sie stützen sich an der Luftmasse ab. Dies erzeugt eine spürbare, aber die Fluglage nicht erheblich verändernde Einwirkung.

Betrachtet und beobachtet man diese Erscheinung in der Praxis, kommt man in folgenden Beispielen zum Ergebnis einer Kraft um die Nickachse: Fliegt im Beispiel der Hubschrauber von links nach rechts und dreht der Heckrotor im Uhrzeigersinn, wird bei Leistungszufuhr das tailrotoreigene Moment den Rumpf anzuheben versuchen – anhand der Masse unmöglich. Die Ausweichbewegung senkt aber das Heck! Spürbar auch beim Verlassen des Übergangsauftriebs und folgender Leistungszufuhr durch Aufrichten des Bugs.

Als markantes Beispiel richten sich die Bell-47 und die Hughes-300 deutlich auf. Bei Helis mit anderer Drehrichtung des Heckrotors, wie der Bell-206, senkt sich die Nase bei Leistungszufuhr.

Antrieb durch Kolbenmotor

9

Zuerst versuchte man es mit Automotoren

Ohne Antrieb geht beim Hubschrauber nichts! Um die noch teilweise sperrigen Rotoren am Anfang in Umdrehung zu versetzen, bis spürbar ein Auftrieb erzeugt wurde, hatte man auch Automotoren verwendet. Da es auch in diesem Sektor auf Gewichtseinsparung ankam, griff man später auf bewährte Flugmotoren zurück. Dieses Gebiet teilte sich auf in Verbrennungsmotoren in Reihen- und Sternbauweise. Je nach Einbaulage mussten Untersetzungsgetriebe und Kraftübertragung untergebracht werden.

Beispiele Bell-47 und H-269

Eine der einfachsten Anordnungen vom Triebwerk bis zum Hauptrotor demonstriert die Bell-47. Der Reihenmotor mit 270 PS steht senkrecht im Stahlrohrrahmen. Darauf sitzen das Hauptgetriebe und die Kupplung mit Freilauf. Auf dieser senkrechten Achse rotiert der Rotormast. Die Drehzahl wird vom Motor mit 3.100 U/min bis zum Rotor über ein Planetengetriebe auf 340 U/min reduziert. Dies verläuft ohne Umlenkgetriebe und Kardangelenk. Die Ausnahme machen die am Hauptgetriebe »angezapfte« Heckrotorwelle mit einem Kardanelement und Heckrotorgetriebe. Weitere Muster ist die H-269 mit einem längs eingebauten Boxermotor, auf dessen Antriebswelle eine Keilriemenscheibe dreht und das da-

Wussten Sie schon?

Bei der Kühlung wird meist an das Klimaempfinden im Cockpit und in der Kabine verstanden. Bevor dieser Bereich kontrollierbar ist, muss erst an die Triebwerke gedacht werden. Wo keine Klimaanlage installiert ist, muss man mit entsprechenden Lüftungshutzen aushelfen und sich auch mal mit kräftiger Zugluft abfinden. Das Problem der Kühlung eines Kolbentriebwerks ist im Flugzeug ohne Fahrt undenkbar. Es steht im Schwebeflug still unterhalb der Mastbaugruppe und erhält kaum einen strammen Kühlwind von oben. Dieser Flugzustand ist nur mit dem Hubschrauber möglich. Selbst im Vorwärtsflug dürfte der bloße Fahrtwind zur Kühlung nicht ausreichen. Da der Motor auch im Strömungsschatten der Kabine liegt, wird der Luftzug kaum zur Temperatursenkung ausreichen.

Vor Einzug der Turbine in den Hubschraubersektor sorgten Kolbenmotoren wie der Boxermotor bei der H-269/Schweizer 300 für den Antrieb. Bild: Archiv Michael Mau

rüber verlaufende Rad die Heckrotor-Antriebswelle antreibt. Eine weitere Version treibt eine biegsame Welle mit flexiblen Elementen an, die den Einkuppelvorgang vereinfachen.

Im Schwebeflug ist in diesem Bereich auch der Rotorstrahl ungenügend. So ist zum Beispiel bei der Bell-47 und bei der R-22 das Triebwerk »zwangsgekühlt«. Die Zylinder sind von einem sogenannten Kühlluftmantel aus Kunststoff eingepackt und ein Ventilator saugt konstant von außerhalb Luftmasse an und presst sie zwischen den Kühlrippen hindurch ins Freie. Der Fan wird durch eine Welle aus dem Hauptgetriebe und über Keilriemen in Gang gehalten und bei dem zweitgenannten Muster direkt an der Kurbelwelle angesetzt.
Gasturbinen versorgen sich selbst mit Kühlluft – im Schwebeflug wie im Reiseflugmodus. In Gegenden mit geringerer Luftdichte und hoher Außentemperatur schaltet man die Klimaanlage aus, um größere Leistungseinbußen zu vermeiden.

Der Gasturbinenantrieb

10

Auch eine Frage der Temperatur

Viele der mit Verbrennungsmotoren ausgestatteten Hubschrauber wurden noch während ihres Lebenslaufs auf den Antrieb mit einer oder später mit mehreren Gasturbinen umgerüstet. Einzelne Hubschrauber erhielten ihren Antrieb von über 1.500 PS starken Sternmotoren über längere Zeit. Der Übergang zu Gasturbinen fand ab einer Leistung der Benzinmotoren von circa 400 PS statt. Der Einbau war typenabhängig sehr komplex. Die Unterbringung im Schwerpunktbereich war manchmal umständlich, dennoch praktikabel bei geringerem Gewicht.

Probleme, die man lösen musste

Es musste ein möglichst kurzer und direkter Zugang von der Turbinenantriebswelle zum Hauptgetriebe gefunden werden. Auch der An-

Ab einem hohen Fluggewicht und aus Sicherheitsgründen sind zwei Triebwerke vorgeschrieben und installiert wie hier. Bild: Archiv Michael Mau

Die Alouette II der französischen Firma Aérospatiale war einer der ersten Serien-Hubschrauber mit Gasturbinentriebwerk. Bild: Archiv Michael Mau

schluss von Heckrotorwelle und Nebenantrieben war oft umständlich und es mussten noch dazu Temperaturprobleme gelöst werden.

Luftansaugschächte sollten möglichst hindernisfrei und ohne »Stolperkanten« angelegt sein. Besondere Beachtung erforderte der Weg der Turbinenabgase. Im Reiseflug fließen diese nach hinten ab und treffen dabei höchstens den oberen Bereich der Seitenflosse. Während des Schwebefluges jedoch drückt der Rotorstrahl die heißen Abgase über den hinteren Rumpfrücken und vorderen Heckausleger. So sind diese Bereiche, zum Beispiel bei Platzrundenübungen, ständigem Temperaturwechsel ausgesetzt. Einige Muster sind dort durch zusätzliche Bleche abgedeckt.

Der Einbau von Turbinentriebwerken ist komplex, da verschiedene Kraftschlüsse berücksichtigt werden und deren Wirkungsrichtungen ausschlaggebend sind.

Wie die Propellerturbine

11

Vier Takte machen die »Musik«

Eigentlich ist die Funktion einer Turbine mit der eines Viertaktmotors zu vergleichen, nämlich: Ansaugen –Verdichten – Verbrennen – Auspuff. Diese Takte erfordern Unterbringungsraum. Der beginnt mit dem Verdichter, entweder in Axialform oder radial. Die Axiale hat eine größere Baulänge bei geringerem Durchmesser, während die Radiale kürzer ist bei größerem Durchmesser. Deren Baulänge kann dennoch gekürzt werden, indem die Brennkammer wie in der Zeichnung »gestülpt« ist, das heißt dass die komprimierte Ansaugluft vor der Brennkammer umgekehrt einfließt und anschließend auf die Turbinenstufen gelangt. Die Arbeitsturbine ist durch eine Hohlwelle hindurch mit dem Getriebesystem verbunden. Nach dem Untersetzungsgetriebe wie auch dem Planetengetriebe schließen sich Kupplung und Freilauf an.

Der Rotormast ist endlich der Hauptabnehmer. Die Drehzahlen werden typenweise von 40.000 U/min der Rotorstufe auf 400 U/min reduziert. Im Verlauf der Entwicklung wird zwar immer das gleiche Funktionsprinzip verfolgt, aber die Formgebung der Brennkammer, die Primär- und Kühlluftführung ständig modifiziert.

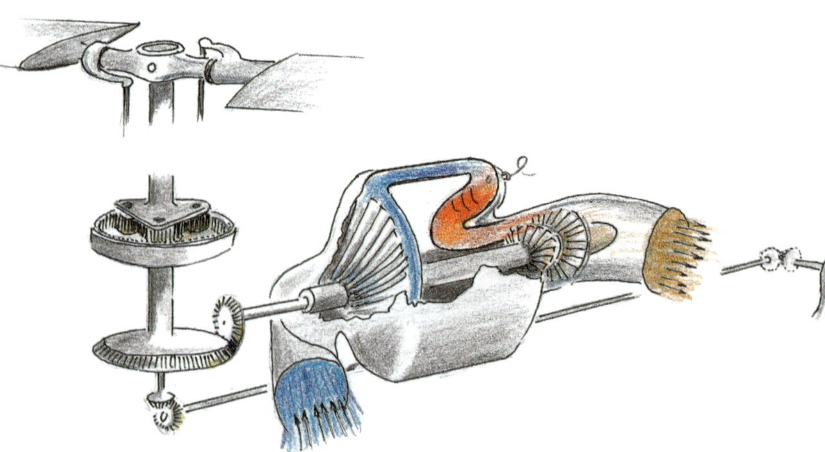

Darstellung des Arbeitsstranges von der Turbine bis zu den Antrieben der dynamischen Komponenten. Eigentlich ein Turbo-Prop. Bild: Helmut Mauch

VC1 elektrisch abgehoben, fast wie Münchhausen, man stelle sich die Rotoren in einem Einzigen vereint vor! Bild: Archiv Michael Mau

Der Elektroantrieb

12

Umweltfreundlichere Zukunft?

Mit der Frage nach dem geeigneten Antrieb wurde auch unter anderen Möglichkeiten ein elektrischer Motor ventiliert. Doch zunächst blieb der Benzinmotor der Favorit. Die »Herkunft« des Stromflusses konnte nicht geklärt werden und die Aussicht auf längere Flugdauer war schwach. Mit den Versuchen ergaben sich dann zunehmend hoffnungsvollere Konstruktionen, denen viele auch erfolgreiche Modellversuche zugrunde lagen.

Ein Beispiel aus der Praxis soll erwähnt werden. Der Hubschrauber in Originalgröße mit einem Gewicht von 520 Kilogramm hob mit einem Elektromotor ab, der bis zu 80 KW erzeugen kann. Eine Lithium-Ionen-Batterie besorgt die elektrische Energie. Der erste bekannte Flug fand 2016 statt. Mittlerweile sind Konstruktionen entwickelt worden, die sich im Prinzip gleichen und mit ihrem Konzept vom herkömmlichen Hubschrauber entfernen und in den Bereich der personentragenden Modelle und großen Drohnen bewegen. Genannt sei das Exemplar mit an mehreren Armen befestigten Elektromotoren mit Propellern. Es drängt sich fast der Vergleich mit einem Adventskranz auf, der anstelle mehrerer Kerzen elektrisch betriebene Motoren mit kleinen Rotoren trägt. Für die Antriebsenergie sorgt eine eingehängte Batterie. In der Praxis gilt nach wie vor bei den hohen Gewichten der Batterie die Erhöhung der Energiedichte als Ziel.

Bei einem anderen erfolgreichen Versuch wog der Hubschrauber 1.130 Kilogramm und die elf Batterien fast 500 Kilogramm, eine Spannung vergleichbar mit der eines häuslichen Netzes mit dreifacher Versorgung.

Noch ist das nicht ausgereift

Die Vorteile eines elektrisch betriebenen Helikopters sind neben Senkrecht-Start- und -Landefähigkeit die Umweltschonung und auch die CO_2-Reduktion sowie medizinische Versorgung auf kleinsten Flächen. Für die elektronische voll selbstständige Steuerung des Vehikels anstelle »menschlicher« Steuerführung wird noch viel Vertrauen aufgebaut werden müssen. Die kontroverse Diskussion über das»Lufttaxi« ist ja leidlich bekannt. Das Konzept des »eVTL« mit mehreren unabhängigen Elektromotoren argumentiert auch stark für den Transport von Passagieren. Doch ein Argument steht für den Benziner: Das Kraftstoff-Gewicht nimmt im Flug ab, jenes des elektrischen Betriebs nicht.

13 Auftriebshilfen

Jetzt bekommt der Hubschrauber Flügel

Die Hubschraubergeschichte zeigt auch einige Versuche, den Auftrieb durch Modifikationen der Zelle zu verbessern. Es waren hauptsächlich geschlossene Rumpfstrukturen, die man mit Tragflächen ausstattete. Sie waren weder als Kippflügel mit Rotor noch als Festflügler mit Kipprotoren geschichtsträchtig geworden. Der Aufwand war trotz des einfachen Aussehens recht komplex. Das zusätzliche Gewicht, der Anbau am »Original«-Hubschrauber und das Verhalten im gesamten Spektrum der Flugzustände erforderten behutsame Vorgehensweise. So durfte das Flügelpaar im Schwebeflug nicht in Reiseflugstellung stehen, da ihn sonst der Rotorstrahl beaufschlagt und enormen Widerstand erzeugt hätte.

Aerodynamisch optimal muss im Übergang in den Vorwärtsflug der Tragflügel in kleinere Anstellung bewegt werden, bis eine gesunde Anströmung erreicht wird und dann im Reiseflug unverwirbelte und auftriebseffektive Aerodynamik entsteht. So erhielt die Mi-6 einen Festflügel, der beidseitig unterhalb des im Vorwärtsflug schräg verlaufenden Hauptrotorstrahls seinen »eigenen« Tragflügel-Charakter entwickelte. Der Anbau des Flügels fand in Mitteldeckerart statt, damit in senkrechter Position genügend Abstand garantiert war. Der Zweck der Zusatztragfläche war die

Die Tragflächen übernehmen bei der Mil Mi-6 im Vorwärtsflug eine beachtliche Auftriebsleistung, wodurch eine höhere Zuladung möglich wird. Bild: Milosz Rusiecki

teilweise Entlastung der Rotoren im Reiseflug, sodass entweder höhere Geschwindigkeit oder zusätzliches Gewicht die Vorteile waren. Die Mi-6 war für die Mitnahme von 80 Passagieren vorgesehen. Übrigens sind seitlich am Rumpf montierte kleine Tragflügel an vielen Militärhubschraubern der Gegenwart sehr effektiv. Auffallend ist ihr großer Einstellwinkel. Dadurch wird schon bei geringeren Geschwindigkeiten Auftrieb erzeugt und so kann mit den Außenlasten höheres Abfluggewicht in Kauf genommen werden.

Die größere Einstellung verhindert bei stark vorwärts geneigter Fluglage ein Unterschneiden der Flügel gegenüber der Flugbahn, welches Abtrieb statt Auftrieb ergeben würde. Außerdem ist jede Strebe an einem Heli möglichst strömungsgünstig geformt.

Wussten Sie schon?

1925 stellte Hellesen-Kahn einen Helikopter mit Tragflügeln vor. An den Flügelnasen war an der Flügelmitte je ein Sternmotor mit mehrflügligen Propellern angebracht. Die Gegenläufigkeit der Propeller mussten die Kreiselkräfte verringern. So dienten Tragflügel mit Motor dem Hubschrauber als Blattpropellerantriebe. Die enormen Zentrifugal- und auch die Kreiselkräfte beanspruchten die Triebwerke an die Grenze des damals technisch Möglichen. Die Versorgung mit Kraftstoff und der Schmiermittel war unter diesen Bedingungen besonders erschwert.

Heckausleger

14

Wichtig und dennoch wenig erwähnt

Dieses Bauteil wird beim Hubschrauber kaum erwähnt, es erfüllt aber eine vitale Aufgabe. Schon am Anfang der Drehflüglergeschichte stand die Konfrontation mit dem Rückdrehmoment. Die einfachste Lösung schien mit dem koaxialen System, wobei die zwei Rotoren entgegengesetzt drehen, gefunden zu sein. Dieses Konzept hat sich im östlichen Entwicklungsbereich besonders bewährt und behauptet sich dort bis heute.

Der Hebelarm

Die andere – mehr traditionelle Methode zur Bewältigung des Drehmoments – wird mit einem hebelarmbewehrten Heckrotor ausgeführt. Es gab auch Versuche mit zwei am Rumpfende agierenden Rotoren, die allerdings auch teilweise in die periodische Steuerung eingriffen. Es blieb beim heute »üblichen« Ausgleichsrotor auf einer horizontalen An-

Der Heckausleger der Hiller ragt aufwärts. Im Bild ist gut zu erkennen, dass er auf halbem Weg die Rotorwelle aufnimmt. Bild: Michael Mau

Der Heckausleger der Hughes 500 trägt mit der senkrechten Flosse und der horizontalen Flosse mit Endscheiben zur Stabilität im Vorwärtsflug bei. Bild: Ch. Hessler

triebsachse. Der »Hebelarm«, an dem der kleine Rotor drückt oder zieht, ist so dimensioniert, dass sein Abstand auch einen um die Hauptrotorachse verstellbaren Schub erzeugen kann. Viele Ausleger sind am Ende aufwärts gekröpft. Ist der Heckrotor an dessen oberem Ende angebracht, ist beabsichtigt, dass er mit seiner Welle auf etwa gleicher Höhe wie die Hauptrotornabe wirkt. Dadurch entfällt ein seitliches Kippmoment, welches bei einem tiefer agierenden Heckrotor entsteht. Die eigentliche Antriebswelle des Rotors ist im oder entlang auf dem Heckausleger montiert. Die einfachste Methode ist ein im Dreierverband versteiftes Rohr, welches auch Schwingungen schadenfrei absorbiert.

Die meisten Konstruktionen verdrängen den Strahl des Hauptrotors. Am geringsten Widerstand leistet der aus Stahlrohr hergestellte Gittermast. Er lässt den Rotorstrahl »durch«. Ein auf der Oberseite leicht seitlich aufgesetzter Blechstreifen, »Strake« genannt, verleiht dem Heckrotor eine Unterstützung, indem der Hauptrotorstrahl bei bestimmter Seitenwindrichtung und -stärke effektiv umgelenkt wird und eine Art »Mini-Magnus-Effekt« entsteht.

Das Landewerk

15 Das untere Ende …

Dieser Begriff umfasst alles, was mit dem Bodenkontakt des Hubschraubers in Verbindung gebracht wird. Dazu gehören feste Fahrwerke und solche mit Einziehmechanismus. Charakteristisch am Helikopter sind nach wie vor die Kufen. Sie zeichnen sich hauptsächlich durch ihre reine Zweckmäßigkeit aus. Diese ist durch eine Vereinfachung der gesamten Zellenkonstruktion beabsichtigt. Für eine bestimmte Untergrundfläche muss sich das Kufenwerk dadurch eignen, dass es mit einer stabilen Rutschfestigkeit wie zum Beispiel bei Gebirgseinsätzen plötzliche Eigenbewegungen verhindert. Es soll sich am Untergrund deshalb sozusagen »festklammern«. Die Kufen sollen in einem bestimmten Abstand vom Rumpf keine Eigenschwingungen anfachen, sondern durch ihre eigenen Massen bei Erstberührung mit dem Boden ein sanftes Landen sicherstellen. Bei zunehmenden Schwingungen muss wieder abgehoben werden und andere Flächen mit weniger Neigung gewählt werden. Die Aufnahme der Kufenholme lassen leichte Schiebemomente zu, um Schäden an der Unterseite zu verhindern.

Fahrwerk verringert den Luftwiderstand

Der Luftwiderstand des Kufengestells nimmt wie jede dem Fahrtwind ausgesetzte Komponente mit zunehmender Fluggeschwindigkeit nicht unerheblich zu. Deswegen galt es, solche Teile entweder widerstandsärmer zu formen oder ganz verschwinden zu lassen. So wurden an aerodynamisch günstigeren Zellen Räume für die Unterbringung der Fahrwerksstreben mitsamt den Rädern unter dem Rumpfstrak ganz oder teilweise einbezogen. Das bedeutete auch eine Verstärkung an den Aufhängepunkten der Fahrwerksbeine. Die Mimik des Einzieh- und Ausfahrmechanismus soll ein Hängenbleiben an den Fahrwerksschächten verhindern.

Diese Art von Landewerk lässt bereits deutlich höhere Geschwindigkeiten zu. Die höchstzulässige Geschwindigkeit für das Ausfahren des Fahrwerks wurde bei manchen Helikoptern nach und nach erhöht, sodass bei Instrumentenanflügen schon früh »Gear down« aktiviert werden kann. Allerdings muss sich der strukturelle Aufwand gegenüber dem Effekt lohnen wie etwa bei ausgesprochenen Reisehubschraubern. Für Winterflugbetrieb sind die Drehflügler mit skiähnlichen Kufen an den Fahrwerksbeinen saisonal ausgerüstet, die das Einsinken im Schnee verhindern sollen.

Auch nach Bodenkontakt lässt sich der Hubschrauber mit den ausgefahrenen Rädern noch flexibel bewegen. Bild: Martino Albertalli/Eliticino

Die Lockheed AH-65 lässt sich dank ihres Fahrwerks bei Einsätzen auch am Boden leichter manövrieren. Bild: Lockheed

Das Drehmoment

16

Kräfte, die gebändigt werden

Schon bei der Betrachtung des Helikoptermodells von da Vinci kommt der Gedanke auf, welche Kräfte wie und wohin wirken und wie man ihnen begegnen kann. Da ist zunächst der Hauptrotor, der angetrieben werden muss. Sobald er in Bewegung gerät, leitet er eine Gegenbewegung ein und lässt den Rumpf in die Gegenrichtung drehen. Um diesen in der Richtung zu halten, muss eine Gegenkraft eingesetzt werden. Diese wurde anfangs mit einem ebenfalls horizontalen zweiten Rotor bewältigt, dem sogenannten koaxialen Rotorsystem. Es ist noch heute eingesetzt und bedient auch Schwertransporte. Dann wurden Versuche mit verschiedenen kleineren Rotoren außerhalb des Rotorkreises angestellt, sozusagen am langen Hebel für ausreichende Wirkung gegen den Hauptrotor. Es existierte ein Helikopter mit drei Rotoren. Da aber nur eine gleiche Anzahl von im Uhrzeigersinn und im Gegensinn drehende Anzahl von Drehflügeln mit Gegenläufigkeit das Drehmoment kompensieren können, ist bei Dreier-Gruppierung diese An-

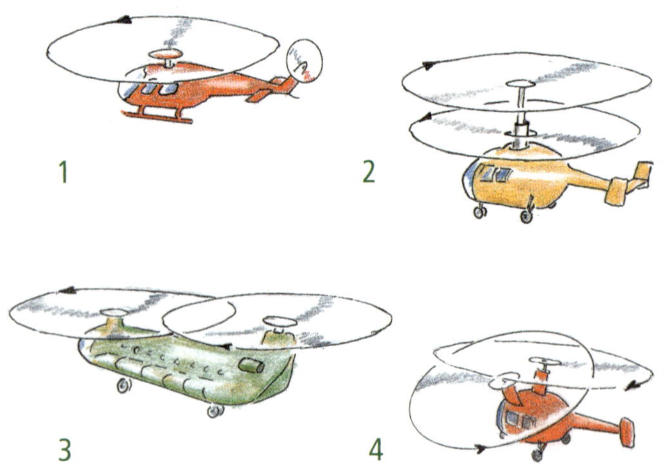

Ob mit klassischem Heckrotor (1), Koaxial- (2), Tandem- (3) oder ineinanderkämmende Systeme (4): Sie alle gleichen auch das Drehmoment aus. Bild: Helmut Mauch

Wusssten Sie schon?

Der Coriolis-Effekt, benannt nach dem Mathematiker Gaspard Gustave de Coriolis, der die Kräfte in Bewegung und um einen Drehpunkt erforschte, ist – im wahren Sinne des Wortes – als Scheinkraft im Umlauf. Auch im Wettergeschehen ist die Corioliskraft wirksam. In diesem Zusammenhang sind Hoch- und Tiefdruckgebiete erklärbar. Am einfachsten kann dieser Effekt am Beispiel eines Schlittschuhlaufs erklärt werden. Sobald während der Rotation die Arme an den Körper herangezogen werden, nimmt die Drehgeschwindigkeit zu und wenn die Arme ausgestreckt werden, verlangsamt sich die Drehung. Dieser Vorgang der Massenbeschleunigung und Verlangsamung tritt genauso am Beispiel des Zweiblattrotors auf.

In der Rotation befindet sich der Schwerpunkt eines Rotorblattes in einer Position und in einem Abstand zur Rotorachse. Das vorlaufende Blatt generiert durch die zusätzliche Anströmung mehr Auftrieb und steigt an. Dieses Schlagen wird durch Schlaggelenke aufgefangen, ebenso seitens des rücklaufenden Blattes durch dieses Gelenk. Da sich während eines Umlaufes die Blattschwerpunkte ständig von der Rotornabe verkürzen oder entfernen, wirken sich diese auch als horizontale Schwenkbewegungen aus. Diese werden von den Schwenkgelenken absorbiert.

Ein Rotorsystem wie der Schaukelrotor behält die Schwerpunkte der Rotorblätter in konstantem Abstand zur Rotorachse. Dieses System ist annähernd vergleichbar mit einem voll gelenkigen Rotor. Auf diese Weise werden die Corioliskräfte kompensiert.

ordnung nicht möglich – es ist einer zu viel oder einer zu wenig. Bei diesem Muster – es handelt sich um die englische »Air horse« (siehe S. 58) wurden die Rotoren so geneigt, dass diese jeweils eine gegenwirkende Komponente erzeugten und so den Hubschrauber in der neutralen Richtung hielten. Die früheren Tests mit verschiedenen Entwürfen sind auch noch gegenwärtig in Anwendung. Außer dem »klassischen« Heckrotor mit »Propellerverstellung« hat man den rohrförmigen Heckausleger mit komprimierter Luft gefüllt und diese an einer Düse am Heckende gesteuert ausgeblasen und gegen das Drehmoment gerichtet. Eine weiterführende Erfindung brachte den vollkommen heckrotorlosen Tail. Aus einem seitlichen Längsschlitz wird ebenfalls verdichtete Luft ausgeblasen und erzeugt einen Magnus-Effekt. So entwickelt die reine Aerodynamik eine Gegenkraft. Eine weitere Lösung besteht aus einem ummantelten Heckrotor, der in einer runden Aussparung im Auslegerende integriert rotiert (siehe S. 50).

Blatt-Theorie

17

Weniger kompliziert, als es scheint

Die sogenannte Blatt-Theorie beschreibt die Strömungszustände und Kräftevektoren an einem Blattelement in einem bestimmten Flugzustand wie zum Beispiel im Schwebeflug. In der Darstellung steht ein angestelltes Blattprofil auf der Drehebene, sieht kompliziert aus – ist es aber nicht. Hieraus baut sich die Hubschrauber-Aerodynamik auf.

Zwischen der Drehebene und der Profilsehne steht der Einstellwinkel, zwischen der Anströmung aus der Rotornormalebene und der vertikalen Strömung bildet sich die effektive Anströmung. Diese bilden den induzierten Anstellwinkel. Zwischen der effektiven Anströmrichtung und der Profilsehne bildet sich das Strömungsdreieck, von dem der Flug möglich ist. Hinter der Rotorachse baut sich der Auftrieb auf. Dieser und der Widerstand ergeben die resultierende Luftkraft. Von dieser »Pfeilspitze« aus nach unten auf die Drehebene projiziert zeigt sich die Tangentialkraft und die Höhe des Normalschubes. Das ganze Strömungs- und Kräftekonglomerat dreht sich prinzipiell immer um den aerodynamischen Druckmittelpunkt des Profils an einer bestimmten Stelle des Rotorblatts. Wie gesagt: klingt sehr kompliziert ...

Wussten Sie schon?

Blattspitze und induzierter Widerstand. Die Formen der Hauptrotorblattenden sind keine Modeerscheinung. Sie sind je nach Einsatzgebrauch des Helikopters entworfen und sind als Abschluss des Blattes auch entscheidend für die aerodynamischen Besonderheiten. Wie beim Tragflügel eines »Fixed wings« gibt es zahlreiche Überlegungen zur Verringerung des Randwirbels. Der entsteht beim Druckausgleich von der Unterseite mit Druck zur Oberseite mit Sog und dreht hinter der Blattspitze einwärts. Um diese Wirbelbildung zu minimieren, verjüngt man das Rotorblatt zur Spitze hin. Da die Herstellung der Rotorblätter vom Einsatz bestimmt wird, ist die effiziente Serienfabrikation von Einfluss. So sind in der Regel Blätter in Rechteckform leichter herstellbar als Mixturen mit Rechteck und Trapezform.

Letztere und teilweise ausgerundete Geometrien sind in Kunststoffmaterialien leichter zu bilden und da sich die Blattenden während des schnellen Vorwärtsfluges teilweise im hohen Unterschallbereich bewegen, steigt hier der Widerstand stark an. Es sollte sich aber der Blattabschluss nicht mit großen Wölbungen oder mit einem sogenannten Profilsprung dieser »Bugwelle« widersetzen. Es existieren Formgebungen mit positiv gepfeilten Vorderkanten, die Hinterkante dehnt sich ebenfalls hinter die Blattkante, sodass sich hier ein »Miniaturpfeilflügel« für hohe Geschwindigkeiten bildet und höhere Fahrt »verträgt«. Übrigens soll die Blattspitzengeschwindigkeit nicht über 250 m/sek. betragen.

Es gibt viele Versuche, das Lärmproblem aerodynamisch zu lösen. Wo kontinuierlich Wirbel aufplatzen oder aufeinandertreffen, hilft eine Formänderung des Drehflügelendes. Das typische Geräusch von Rechteckblättern ist etwa bei dem Zweiblattrotor der Bell UH-1 im Vorwärtsflug unüberhörbar. Im nahen Vorbeiflug ist auch ein Drucksprung leicht spürbar. Versuche mit sogenannten Wirbeln oder Randkeulen wurden nicht weiterverfolgt, da spindelförmige Körper bei Anstellwinkeländerungen unvorteilhaft wirken können.

Rechts: Die Auftriebsdarstellung besteht aus Umströmung des Profils basierend auf Umfangs-, vertikaler und effektiver Anströmung und effektivem Anstellwinkel. Bild: Helmut Mauch

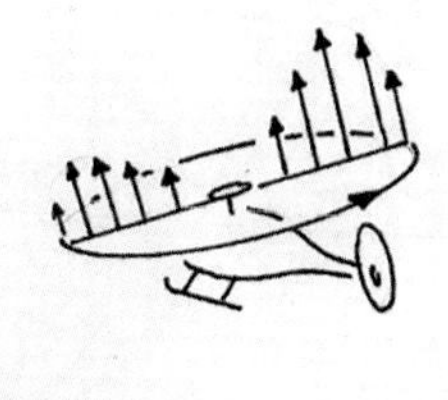

Links: Die Blattspitzen dieses Rotors erfüllen den Kompromiss von hoher Anströmgeschwindigkeit und indiziertem Widerstand. Bild: Michael Mau

Der Übergangsauftrieb

18

Wirklich nützlich

Der Übergangsauftrieb ist in jeder Flugsituation sehr nützlich. Er ist allerdings nur in bestimmten Fluglagen erhältlich. Die englische Bezeichnung ist durch die direkte Übersetzung nicht Transition sondern »Translational lift«. Er tritt ein, wenn der Hubschrauber in jede Richtung Fahrt aufnimmt, denn der Rotor ist ja rund. Der Eintritt ist typengebunden und nicht sehr unterschiedlich. Bei einem sehr leichten Hubschrauber tritt der Auftriebszuwachs bereits bei einem Dutzend Knoten ein, während bei schwereren Maschinen auch über 20 Knoten (36 km/h) passiert werden müssen. Der Unterschied zum Senkrechtflug oder zum stationären Schwebeflug ist die Form des Rotorstrahls. Während dieser im letztgenannten Zustand in zylindrischer Form »steht«, wird er bei Fahrtgewinn schräg. Im Heli selbst spürt man ein gewisses Sträuben gegen diese Absicht und er bäumt sich auf, weil im »Vor« das Bodenpolster stärker entwickelt ist und sich hier ein »Wulst« bildet. Sowie dieser durchstoßen ist, kehrt in die Fluglage Ruhe ein, aber der Heli beginnt mit einem Rollen zur rücklaufenden Blattseite hin, weil diese Kreishälfte kurz mehr Auftrieb leistet und kurz danach die Gelenke diese Unsymmetrie aufnehmen. Bei weiterer Beschleunigung bleibt der Zusatzauftrieb erhalten und wird verloren bei Reduzierung der Fahrt unter den Wert des Eintritts. Eigentlich ist ein stationärer Schwebeflug im Übergangsauftrieb reine Fahrt. Im Übergangsauftrieb ist die durch den Rotorkreis geförderte Luftmenge größer.

19

Aufbäumen

Da muss korrigiert werden

Während des Vorwärtsfluges beeinflussen den Drehflügler mehrere Strömungsvorgänge. Bedingt durch den rotierenden Tragflügel treten verschiedene aerodynamische Vorgänge und daraus resultierende Kräfte auf. Der Fahrtvektor hat unterschiedliche Einwirkungen auf die »Hälfte« des vorlaufenden Blattbereichs mit höherer Anströmgeschwindigkeit und jenen mit geringerer Anströmung. Daraus ergibt sich die ständige Rolltendenz bei Fahrt. Durch die Schlag- und Schwenkgelenke werden die unsymmetrischen Kräfte weitgehend kompensiert. Die jederzeit die gesamte Aerodynamik des Hubschraubers während des Fluges beherrschenden Vektoren sind die Anströmung aus der Drehebene, die vertikale Durchtrittskomponente und die effektive Anströmrichtung. Daraus ergibt sich der alles entscheidende effektive Anstellwinkel.

Es ergibt sich in Vorwärtsfahrt noch eine weitere Tendenz. Dabei fließt der Rotorstrahl schräg von vorne oben nach hinten abwärts. Somit verläuft die Rotorkreisfläche im vorderen Bereich in einer flacheren Anströmung als in der hinteren Sektion. Hier verläuft die vertikale Durchströmung steiler und schneller und ergibt einen kleineren effektiven Anstellwinkel als im vorderen Bereich, wo die vertikale Durchströmung flacher verläuft und einen größeren effektiven Anstellwinkel ergibt. Somit erfährt die Rotorfläche vorne einen größeren Auftrieb als hinten. Dadurch bäumt sich der Hubschrauber in Vorwärtsfahrt ständig auf. Dem muss entweder manuell oder mit der Trimmung begegnet werden.

20

Auftriebsunsymmetrie

Bis zur Grenze

Beim ersten Anblick der Rotorblätter fällt eine Ungleichmäßigkeit nicht sofort auf. Die Blätter sind wie bei einem Flugzeugpropeller in einem größeren Winkel verwunden – also geschränkt. Da im Außenbereich der Rotorkreisfläche eine höhere Anströmung herrscht als innen, wird auch der Einstellwinkel von innen nach außen abnehmen. Diese Schränkung kann über fünf Grad betragen. Ein ungeschränktes Rotorblatt würde einer Biegebelastung ausgesetzt werden, die eine längere Betriebsdauer nicht erreichen könnte. Oder man müsste die Drehzahl soweit erhöhen, dass die Zentrifugalkraft sie streckt. Aber dann könnte die aerodynamische Grenze mit erheblichem Widerstand auftreten.

Es sind auch Blätter in Gebrauch, welche außer dieser Verwindung sprich Schränkung gleiches Profil über die Gesamtlänge aufweisen – geometrische Schränkung genannt. So kann man die Blätter leichter in Serie herstellen.

Bei der aerodynamischen Schränkung verändert sich das Blattprofil zu Spitze hin, dass es mehr zur negativen Einstellung neigt. Der Gesamtauftrieb kann mit der Form eines Gugelhupfs verglichen werden. Im Innenbereich leer und außen stark abnehmend. Am deutlichsten ist die unsymmetrische Anströmung wirksam. Während der Fahrt leistet die vorlaufende Rotorhälfte mehr Auftrieb, die rücklaufende entsprechend weniger.

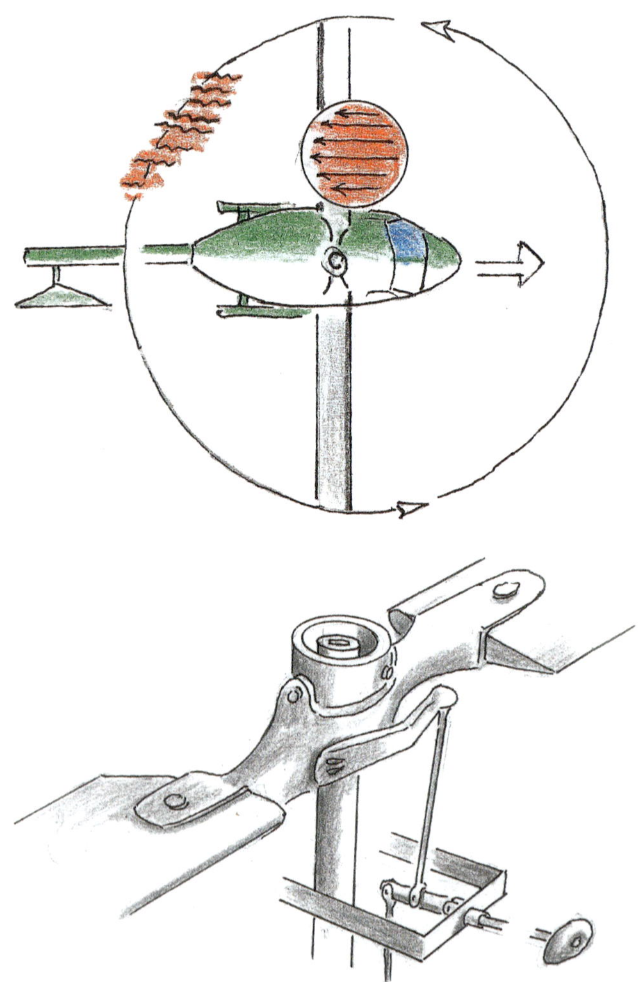

Im Fahrtzustand erhält das »vorlaufende« Rotorblatt durch die Fahrtkomponente zusätzlichen Auftrieb – das »rücklaufende« entsprechend weniger, der Hubschrauber rollt zu dieser Seite. Bilder: Helmut Mauch

Die Macht des Kreisels

21

Die kennt man schon vom Spielzeug-Kreisel

Die Wirkung eines Kreisels ist generell bei drehenden Bauteilen als Kreiselkraft bekannt und wird auch in Maschinen und Apparaten genutzt oder mit verschiedenen Lösungen kompensiert. Das Beharrungsvermögen wird als Referenz bei Instrumenten genutzt und seine Reaktion auf eine Auswanderung seiner Achse als mechanischer Vorgang weitergeleitet. Bei einer Neigung seiner rotierenden Kreiselmasse ändern seine Einzelmassen um 90 Grad ihre Richtung. Dieser Vorgang wird Präzession genannt. Diese wirkt auch bei schnell rotierenden Propellern.

Bei einigen Hubschraubern hilft die Kreiselkraft stabilisierend. Bei manchen Bell-Helikoptern befindet sich quer über dem Rotorkopf eine sogenannte »Stabilisierungsstange« mit Fliehgewichten an ihren Enden (s. Abb.). Diese verbleiben während des Umlaufes in ihrer Kreisbahn mit der Rotordrehzahl. Wandert nun der Hubschrauber wegen der Einwirkung einer Böe mit seiner Fluglage aus, verlässt die Rotorebene die der Kreiselfläche. Diese Veränderung verstellt über die Verbindungsstangen den Einstellwinkel der Rotorblätter und holt den Rotor in seine ursprüngliche Lage zurück. Die andere Verhaltensweise des Stabilisators ist eine »mäßigende« Funktion bei der Steuerung. Wird in turbulenten Witterungsverhältnissen eine harsche Steuerführung getätigt, dann verhindert der Kreisel zum Beispiel eklatante zyklische Steuerausschläge. Zu diesem Zweck sind zwischen dem Kreisel und den Blattverstellhebeln Dämpfer eingebaut, welche ein »Mitspracherecht« ausüben. Das heißt, dass bei einem groben Steuerausschlag der Blattwinkel nicht ein übertriebenes Maß übersteigt und in gedämpftem Winkel verbleibt. Die dynamische Stabilität wird verbessert und die Tendenz zum Aufschaukeln wird verringert. Bei dem System Hiller (s. Abb. S. 30) sind die an einer quer an der Rotornabe angebrachten Gewichte als massive Profilstücke ausgebildet, welche als Hilfsrotor dienen, oft als Paddel bezeichnet. Diese bewirken mit ihrer Verstellung eine Änderung des Rotorblattwinkels.

Die Eigenschaften des Kreisels werden zur Stabilisierung der Rotorkreisfläche genutzt. Bild: Helmut Mauch

Transition

22 Kann zur Schräglage führen

Diese Bezeichnung kann leicht mit der englischen Bezeichnung gleichgestellt werden. Sie betrifft jedoch nur den Bereich des Heckrotors und seine Reaktionen auf Fluglageänderungen. Es hängt auch von der Bauart des Hubschrauberhecks und der Position des Ausgleichsrotors ab. Der Unterschied besteht in der Höhe der Rotorachse – sprich ob der Heckrotor an der Rumpfröhre angreift oder am oberen Ende der Seitenflosse. Man spricht von einem ungekröpften und von einem gekröpften Heckausleger.

Wirkung der Schlaggelenke

Der Heckrotor, auch wenn seine Welle waagerecht steht und er quasi senkrecht wirkt, bekommt in unserem Beispiel auch Anströmung aus der Vorwärtsfahrt. Somit vorlaufendes und rücklaufendes Blatt. Diesen unsymmetrischen Vorgang gleichen ein oder mehrere Schlaggelenke aus. Was jedoch die Transition betrifft, lässt die Wirkung den Rumpf aus der Richtung gieren, was mit dem Seitenpedal korrigiert wird und dies bedeutet eine leichte Verkleinerung der Heckrotoreinstellung – also Leistungsgewinn. Eine weitere Reaktion hängt von der Position des Ausgleichsrotors ab. Ein solcher leitet am ungekröpften Heckausleger eine Rollbewegung ein, da er unterhalb des Aufhängepunktes – des Rotorkopfes – seitlich zieht. Dadurch rollt der Hubschrauber um seine Längsachse – wörtlich: er kippt.

Gekröpft oder tieferliegend

Bei einem gekröpften Heckausleger reicht die Struktur mit Heckrotorgetriebe bis auf Höhe des Rotorkopfes. Dadurch wird ein Kippen vermieden. Ein tief liegender Heckrotor führt auch bei einigen Hubschraubertypen zu einer leichten Schräglage im Reiseflug.

Gegenüberliegende Seite: Bei dieser Sikorsky S-60 weist der kleine Wirbelzopf noch auf eine »gesunde« Strömung des Rotorstrahls hin. Wenn in dem Zustand eine zu hohe senkrechte Sinkrate eingeleitet wird, nehmen diese Wirbel großen Einfluss auf den Anstellwinkel. Bild: Michael Mau

Wirbelringstadium

23

Sinken oder nicht ...

Dieser Flugzustand kann als Sinken im eigenen Rotorstrahl bezeichnet werden. Englische Beschreibung: Vortex Ring State. In diesem Zustand gelangt der Hubschrauber unverhofft, wenn man während eines Landeanfluges den Sinkwinkel steiler gestalten will und gleichzeitig die Geschwindigkeit zu weit reduziert. Dabei wird der Rotorstrahl sehr steil nach unten gerichtet und trifft auf die Umgebungsluftmasse. An den Rändern des Rotors entsteht jetzt ein nach oben einwärts drehender Wirbel, der sich am gesamten Umfang fortsetzt. Aerodynamisch betrachtet bildet sich eine zusätzliche senkrechte Durchtrittskomponente, die den effektiven Anstellwinkel verkleinert, also den Auftrieb reduziert.

Die »normale« Reaktion ist dann Ziehen am Pitch, um die Sinkrate zu bremsen. Dies führt aber zur weiteren Verkleinerung des Anstellwinkels und paradoxerweise zur weiteren Zunahme der Sinkrate. Diese lässt sich nur durch einfache Maßnahmen verhindern und »überleben«.

24 Delta-Drei-Effekt

Sieht man, wenn er wegfliegt

Dieser Effekt ist für eine Blattwinkelsteuerung eingerichtet, wenn es zu einer nicht rotationssymmetrischen Anströmung in der Rotorkreisebene kommt. In Zeitlupe betrachtet: Sobald ein vorlaufendes Rotorblatt aufwärts zu schlagen beginnt, wird es zu einer höheren Bahn auf der Drehebene ansteigen und dieser folgen, bis es wieder zum rücklaufenden Blatt wird. Während dieses Teils der Umdrehung behält es den Einstellwinkel bei und hat aufgrund der nun höheren Anströmgeschwindigkeit die normale Kreisebene verlassen. Damit bei diesem Anstieg eine Schlagbegrenzung ermöglicht und eine Berührung von statischen Anschlägen verhindert wird, muss das Blatt vor diesem möglichen Ereignis geschützt werden.

Am gelenkigen Blattanschluss des Hauptrotors ist der Schlaggelenkbolzen schräg eingesetzt, wodurch beim Hochbewegen eine geringere Anstellung eingeleitet wird und das Blatt nicht höher steigt. Der Gelenkbolzen ist in Flugrichtung horizontal, aber schräg nach außen gelagert – so dass der Blattwinkel rückgesteuert wird. Auf der rücklaufenden Seite führt das Gelenk durch die Schrägstellung des Bolzens zur Vergrößerung des Blattwinkels, um ein Weitersinken zu verhindern. Der Heckrotor ist ebenfalls damit ausgestattet, womit der gleiche Effekt erzielt wird. Übrigens ist dieser ersichtlich, wenn man den Hubschrauber beim raschen Entfernen hinterher schaut. Dann ist die Heckrotorebene nicht genau in senkrechter, sondern leichter Schiefstellung.

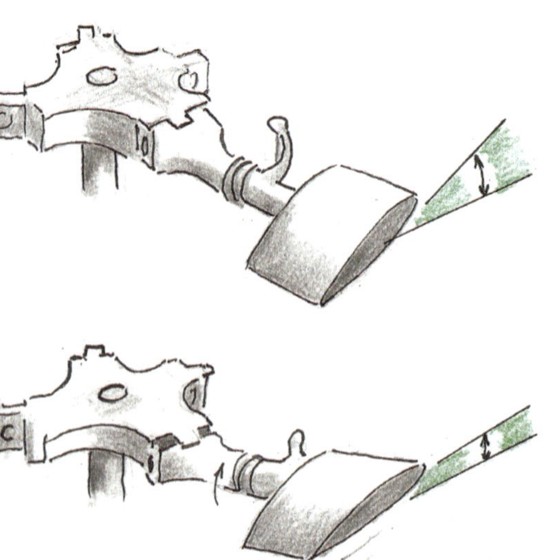

Durch eine Schlagbewegung eines Blattes bewirkt eine schräge Schlagachse eine Winkel- und Auftriebsveränderung.

Bild: Helmut Mauch

25

Höhen/Fahrt-Diagramm

Auch eine Frage von Leben und Tod

Dieses Diagramm gilt in der Hubschrauberei als »Schablone fürs Überleben«. Die unten abgebildete Grafik stellt eine gewisse Matrix aus bestimmten Flugsituationen dar, bestehend aus Höhe über Grund und Eigengeschwindigkeit (Fahrt). Diese Situationen sind bei einem Triebwerksausfall von Bedeutung und zeigen die Chance für den erfolgreichen Übergang in den Autorotationsflug. Dafür müssen Mindestwerte von Eigengeschwindigkeit und »Distanz« zum Boden verfügbar sein. Die Rotorblätter sind bei Motorstörung sofort auf kleinste Einstellung zu bringen.

Für den Übergang und den anschließenden Sinkflug muss mit einem sicheren Höhenverlust gerechnet werden. Er beträgt typenabhängig circa mehrere Hundert Fuß. Bei einem senkrechten Sinkflug muss mit der höchsten Sinkgeschwindigkeit gerechnet werden, jedoch ist diese bei Vorwärtsfahrt wesentlich geringer. Mit dieser Konstellation kann auch ein verfügbares Notlandefeld gesucht und angeflogen werden. In einer bestimmten Höhe über dem Boden wird der Drehflügler aufgestellt und dann mit der kinetischen Energie des Rotors mittels kollektivem Blatthebel abgefangen und aufgesetzt.

Das Fahrt/Leistungs-Diagramm auf der nächsten Seite zeigt Widerstände beim Flug und die jeweilige Leistungsreserve am Beispiel eines 200-PS-Hubschraubers.

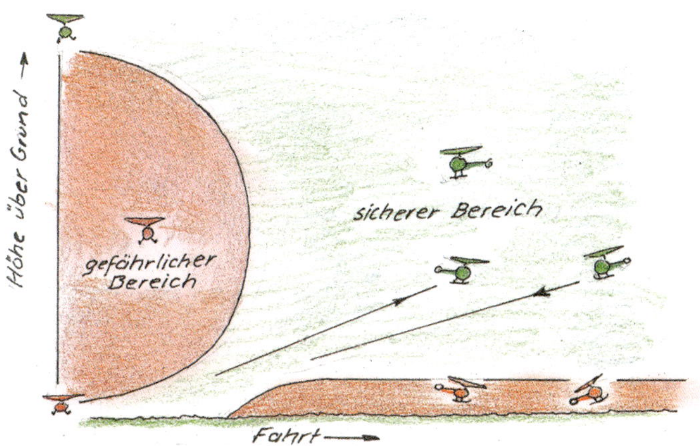

Das Höhen/Fahrt-Diagramm zeigt die sichere Flugsituation bei Triebwerksausfall. Bild: H.Mauch

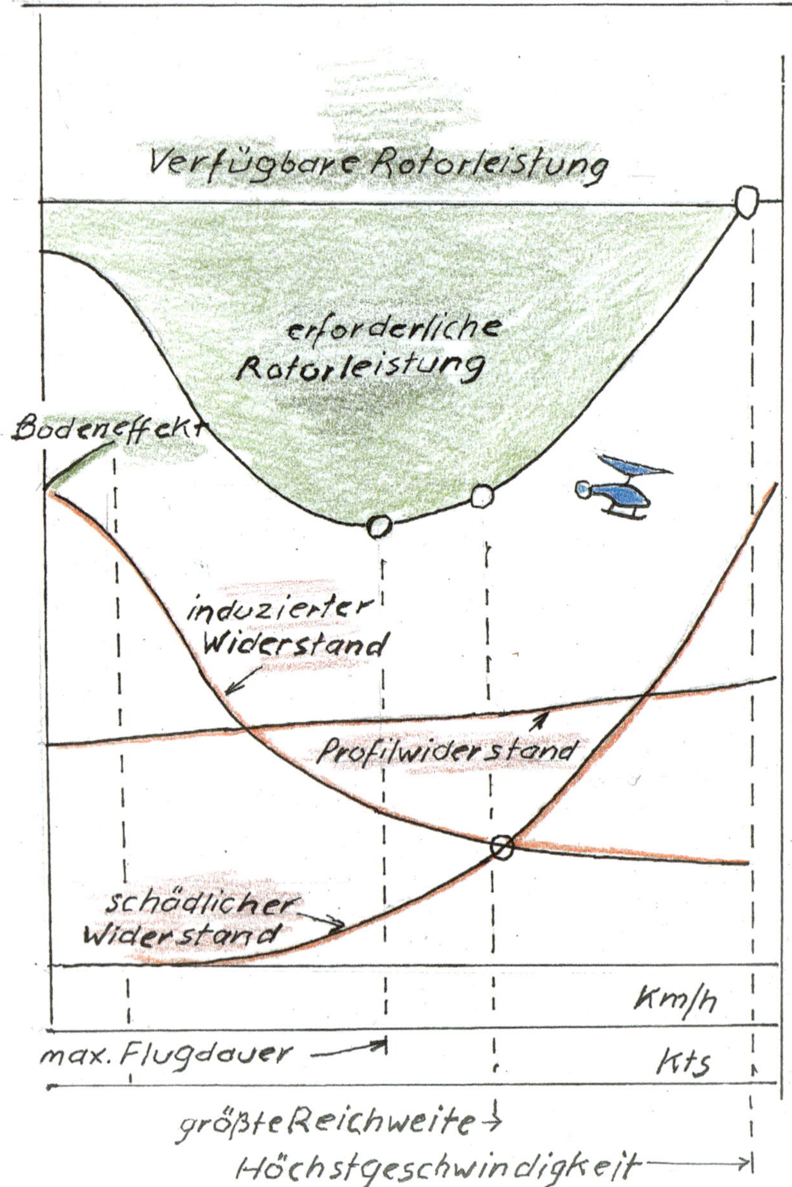
Motorleistung 200 PS
Verfügbare Rotorleistung
erforderliche Rotorleistung
Bodeneffekt
induzierter Widerstand
Profilwiderstand
schädlicher Widerstand
Km/h
max. Flugdauer
Kts
größte Reichweite
Höchstgeschwindigkeit

Beladeplan

26

Hebelgesetze sind wichtig

Die Erstellung eines Beladeplans dient der Flugsicherheit und ist fester Bestandteil auch des Ausbildungsprogramms. Er war bislang in schriftlicher Form ausgelegt und ist bei der Flugplanung vorgeschrieben. Man kennt ihn auch als »Weight and Balance«-Nachweis. Es umfasst Faktoren wie Leergewicht, Pilot und Copilot, Passagiere und Gepäck. Diese Einzelgewichte werden definitiven Stationen zugeordnet und als Momente bestimmt. Das Gesamtgewicht darf die werksseitig vom Hersteller bestimmte Obergrenze nicht überschreiten und das Gesamtmoment darf weder den längs noch den quer ausgelegten Schwerpunktbereich verlassen. Die Funktion beruht auf den üblichen Hebelgesetzen.

Auf die Kraftstoffmenge achten

So ist leicht begreiflich, dass ein Ladefaktor mit hohem Gewicht möglichst in der Nähe vom Rotormast untergebracht wird, während ein leichterer Gegenstand auch außerhalb des zulässigen Schwerpunktbereichs bereits am langen Hebel sitzt und von dieser Position aus großen Einfluss hat. Variable Gewichte können den tatsächlichen Schwerpunkt verschieben – wie zum Beispiel die Kraftstoffmenge. Diese kann bei manchen Hubschraubern während des Fluges an die Schwerpunktbereichsgrenze führen. Dies ist bei der Landung zu beachten. Auch die kritische Menge wird nach dem spezifischen Gewicht bestimmt.

Unten befestigte Lasten

Untergehängte Lasten müssen vor dem Flug hinsichtlich Schwerpunktgebaren berechnet werden. Die Aufhängepunkte müssen gesichert sein, damit im Fluge ein selbstständiges Lösen verhindert wird. Die Windenoperation fließt mit in die Schwerpunktberechnung ein. Auch der seitliche Abstand muss innerhalb der Grenze liegen, selbst wenn er nur gering erscheint. Eine präzise Einhaltung von Gewicht und Schwerpunkt ist erforderlich, damit die Bewegungsfreiheit der Steuerung erhalten bleibt. Die Erstellung des Beladeplans hat sich dank der Hilfe des Computers stark vereinfacht und wird von ihm heute fast völlig übernommen.

Gegenüberliegende Seite: Das Fahrt/Leistungs-Diagramm weist auf die mögliche Flugsituation und Widerstände hin sowie auf die jeweilige Leistungsreserve. Bild: Helmut Mauch

27 NOTAR

Nein, es geht nicht um Juristisches

Das Kürzel steht für die Bezeichnung »No Tail Rotor« – Kein Heckrotor. Das Drehmoment ohne einen Ausgleichsrotor zu überwinden, und dazu keine Hilfspropeller zu benutzen, wurde sehr früh in der Hubschrauber-Entwicklungsgeschichte zu versucht. Außer der Gegenläufigkeit mehrerer Rotoren und der damit verbundenen Komplexität konnten sich aber keine gebläseähnlichen Konstruktionen durchsetzen. Es gab Ansätze mit einem Heckausleger-ähnlichen Rohr, in welches Druckluft eingeführt und am langen Hebel am Ende ausgeblasen wurde. Aber waren es noch viele Probleme zu meistern, was erst Jahrzehnte später gelang. Der rohrförmige Heckausleger kehrte zurück und beinhaltete wieder komprimierte Luft, die von einem Gebläserotor rücklings »im Genick« des Rumpfes von einer Turbine angetrieben wird.

Nehmen wir unseren Beispiel-Hubschrauber in der Grafik, dessen Hauptrotor von oben gesehen gegen den Uhrzeigersinn dreht. Auf der rechten Seite des Heckrohrs ist ein längerer Schlitz eingelassen, aus dem die »Pressluft« ausgeblasen wird. Der Hauptrotorstrahl fließt hier nach unten über diese lange Aussparung und wird durch diese beschleunigt umgelenkt.

Bei diesem Drehmomentausgleich wird auch der Magnus-Effekt genutzt. Bild: Michael Mau

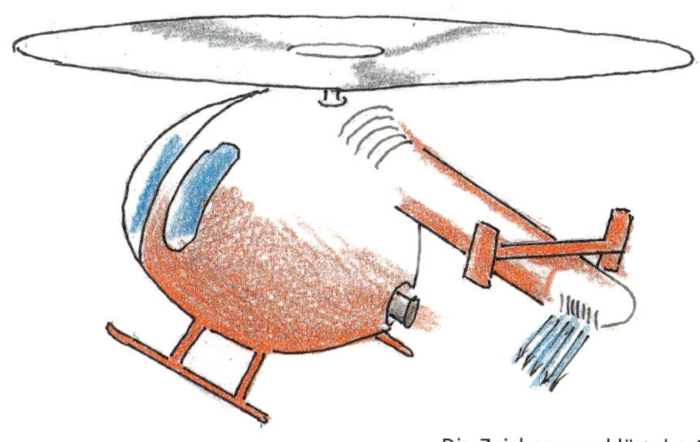

Die Zeichnung erklärt das Funktionsprinzip. Bild: Helmut Mauch

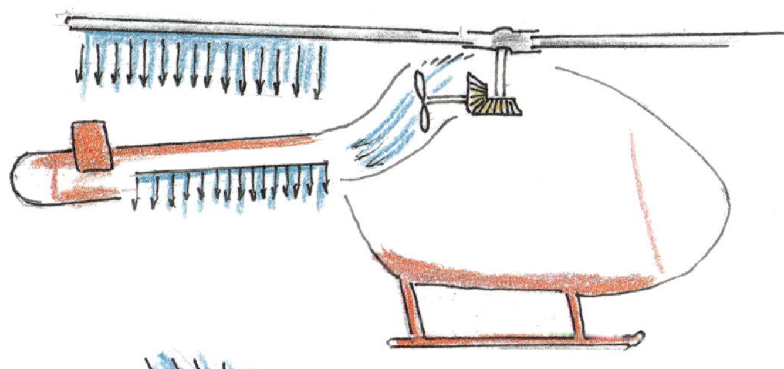

Dadurch entsteht der sogenannte Magnus-Effekt, der den Heckausleger im Beispiel nach rechts »saugt«. Zur Steuerung dient eine drehbare topfförmige Kaskade, die über die Pedale gesteuert wird. Zur Stabilisierung in Vorwärtsfahrt sitzt auf dem Auslegerende eine Höhenflosse mit zwei Seitenflossen, von denen eine wie ein Seitensteuer beweglich ist.

Bei Versuchen der Ingenieure wurde auch ein Konzept entwickelt, bei dem komprimierte Luft in einem großdimensionierten Heckrotor durch senkrechte Kaskadenblätter am abgewinkelten Ende ausgestoßen wurde und gegen das Drehmoment wirken sollte. Zusätzlich sind auch großflächige Flossen auf dem Heckausleger aufgesetzt zu sehen, die in angeschrägter oder geneigter Position vom Hauptrotorstrahl insgesamt beaufschlagt werden und somit eine vage Kraft gegen das Drehmoment aufbrachten.

Fenestron-Heckrotor

Leiser und effizienter

28

Diese Version eines Ausgleichsrotors hat sich bei vielen Herstellern durchgesetzt, auch auf internationaler Ebene. Die Forschungen nach einem effizienteren, lärmärmeren und geschützten Rotor führten zu dieser Ausführung des ummantelten Rotors. Er ist in einem Ausschnitt der Seitenflosse gelagert und wird durch eine Welle, die vom Hauptgetriebe herleitet, angetrieben. Das eigentliche Umlenkgetriebe sitzt konzentrisch in der runden Aussparung. An dieser sind Leitschaufeln angebracht, die den Rotorstrahl mehr begradigen und Turbulenzen unterdrücken. Der Rotor selbst besteht aus Blättern, die für die Richtungssteuerung über die Fußpedale verstellbar sind.

Die Anzahl der Statoren und die der Rotorblätter ist ungleich, damit werden schlagartige Schwingungen vermieden, weil sonst gleichzeitig die rotierenden und festen Komponenten jeweils dicht hintereinander in der Strömung stehen. Die Rotorblätter reichen mit der Spitze bis kurz vor den Innenrand der Ummantelung. So wird der induzierte Widerstand stark reduziert, da sich keine Randwirbel ausprägen können. Der Rand der »Ansaugseite« ist abgerundet, um die einströmende Luftmasse zu beruhigen, der Rand auf der Ausströmseite ist kantig belassen. Die gesamte Ummantelung geht vom Rumpfende in die große Seitenflosse über, die zur Unterstützung bei Vorwärtsfahrt profiliert ist. Der integrierte Bläser wird auch bei möglicher Hindernisberührung geschützt. Die Lärmminderung ist erheblich.

Der Ausgleichsrotor ist bei engen An-und Abflügen geschützt. Bild: Archiv Michael Mau

Der lenkbare »Ventilator« dreht in einer profilierten Vertikalflosse. Bild: Michael Mau

Das von Anton Flettner entwickelte Patent der ineinander rotierenden Rotorflächen ist auch bei der Kaman K-MAX verwirklicht. Bilder: Michael Mau, gegenüberliegende Seite: Archiv Michael Mau

Flettner

29

Gibt's auch bei den Flugzeugen

Das System Flettner ist nicht nur durch das Hilfsruder beim Starrflügler bekannt, sondern auch durch die Erfindung und Entwicklung einer eigenwilligen Hubschrauber-Konstruktion. Dazu führten Überlegungen, zwei Rotoren möglichst eng beieinander rotieren zu lassen und so sind die beiden Rotorwellen etwa 30 Grad seitlich auseinander geneigt. Dadurch greifen die beiden Zweiblatt-Rotoren in der Drehung berührungsfrei ineinander. Außerdem wird durch das gegenläufige Rotieren das Drehmoment ausgeglichen.

So wird bei der »K-MAX« der Heckrotor verzichtbar. Das Rumpfende läuft in einer senkrechten Flosse mit Ruder aus, davor trägt eine beidseitige Höhenflosse je eine Seitenflosse. Die Steuerung der Rotorblätter betreffend sind die Flettnerruder an den Hinterkanten bemerkenswert. Deshalb ist eine kraftunterstützende aufwendige Hydraulikanlage verzichtbar. Diese müsste doppelt ausgeführt sein. Die Nutzlast des Kaman-Modells in Agrar- und Forst-Aktivitäten ist höher als sein Leergewicht. Es kann einen 2.650-Liter-Tank aufnehmen. Erforderlichenfalls kann ein Beobachter außerhalb der Kabine sitzend mitgenommen werden. Eine Turbine mit einer Leistung von 1.500 WPS ermöglicht die Mitnahme von 2.300 Kilogramm ohne Bodeneffekt, da die typischen Einsatzhöhen außerhalb des Bodeneinflusses sind.

30 Tandemhubschrauber

Aller guten Dinge sind zwei

Zeitgleich mit dem traditionellen Helikopter entwickelte sich der Tandemhubschrauber mit zwei Rotoren, die über dem Rumpfrücken drehen. Der hintere ist leicht höhenversetzt und gibt dadurch in der Vorwärtsfahrt bei schräger Durchströmung eine Distanz zwischen den Rotorstrahlen. Diese beaufschlagen die Rumpfoberseite und die häufig an Höhenflossen angebrachte Seitenflossen.

Von der »Fliegenden Banane« zur »Chinook«

Ein typischer Vertreter dieses Entwurfs ist als »Fliegende Banane« bekannt: die Piasecki/Vertol H-21. Seine Nachfolger wie die CH-47 »Chinook« sind in der Formgebung voluminöser und für interne Lastaufnahme strukturiert. Selbst die seitlichen Rumpfwülste lassen mehr Raum für das Innere und nehmen eine Menge Kraftstoff auf. Das externe Vier-Rad-Fahrwerk ist stabil für große Lastaufnahme ausgebildet.

Die Piasecki YH-16 war einer der richtungsweisenden Tandemhubschrauber. Bild: Archiv M. Mau

Die Vertol H-21 bekam den Spitznamen »Fliegenden Banane«, hier ein Heereshubschrauber Vertol H-21C der Bundeswehr. Vertol war der neue Name von Piasecki. Bild: Michael Mau

Die Gasturbinen sind jeweils seitlich an dem Heckaufbau angebracht und führen aus dem Hauptgetriebe heraus eine Welle zum vorderen Rotorkopf. Die aufgerichtete Fluglage während der Landung auf den hinteren Rädern ist typisch bei diesem und ähnlichen Entwürfen. In horizontaler Rumpflage sind die beiden Rotorebenen auffallend vorwärts geneigt, sodass in dieser Situation der hintere Rotor trotz seiner Überhöhung mit seiner vorderen Rotorebene noch unterhalb des vorderen Rotorkreises berührungsfrei dreht. Bemerkenswert ist auch bei gleichen Typen die hintere Ladetür für selbst sperrige Lasten. Erstaunlich ist die von den Rotorstrahlen im Schwebe-

Zwei gegenläufige Dreiblattrotoren kompensieren das Drehmoment. Bild: Michael Mau

flug beaufschlagte weite Fläche auf dem Rumpfrücken. Tandemhubschrauber werden vor allem militärisch eingesetzt, als ziviler Transporter ist er für UN-Einsätze in aller Welt bekannt. In der Kabine einer Lazarettausführung

Die Vertol 234LR wurde auf der Grundlage der CH-47 entwickelt. Bild: Michael Mau

ist genug Platz für Verletzte und Medizinpersonal. Kein Problem sind extreme Witterungsbedingungen von Minustemperatur bis zu großer Hitze.

31 Dreirotor-Helikopter

Eine seltene Sache

Normalerweise sind für den Drehmomentausgleich zwei entgegengesetzt drehende Rotoren erforderlich. An vier Rotoren (siehe Drohnen) hat man sich mittlerweile gewöhnt. Eine Besonderheit bildete ein englischer Hubschrauber mit drei Rotoren, die Cierva W.11 »Air Horse«. Diesem Konzept war keine längere Lebensdauer beschieden, dennoch ist die Bauart erwähnenswert. Auf dem voluminösen Rumpf sind seitlich zwei dreiblätterige Rotoren auf mächtigen Auslegern gelagert, ähnlich wie bei der russischen Mi-12. Die oberen waagerechten Streben sind als Tragflügel mit geringem Einstellwinkel konstruiert.

Der vordere Rotor ist vor dem Cockpit in etwa gleicher Höhe wie die hinteren abgestrebt. Hinter dem Cockpit war ein Rolls-Royce Merlin mit 1.645 PS installiert, der übrigens auch die »Spitfire« antrieb. Dieser war so gelagert, dass die verlängerte Antriebswelle schräg nach vorne aus dem Rumpf ragte. Diese Achse trieb den Vorderrotor an. Die Antriebswellen der beiden seitlichen Rotoren waren in den beiden hohlen »Tragflügeln« gelagert und mündeten in einem Verteilergetriebe am Motor. Die drei Rotoren drehten im gleichen Drehsinn und das Außergewöhnliche ist die einfache Lösung des Drehmomentausgleichs. Die Drehachsen der Rotoren hatte man in gleicher Richtung entgegen der Drehmomentwirkung geneigt und so durch eine seitliche Komponente »neutralisiert«. Die Cierva W.11 war für Transportflüge geplant, wie für Ambulanz und Sprüheinsätze sowie als fliegender Kran. Am Heck waren großdimensionierte senkrechte Endscheiben zur Stabilisierung bei Vorwärtsfahrt angebracht. Die Rotorblätter wurden aus harzgetränktem Holz hergestellt. Schwingungsprobleme verhinderten den Serienbau.

Die mächtige dreirotorige Cierva »Air Horse« wurde von einem Rolls-Royce-Motor angetrieben. Luftfahrtfans waren von ihrer Optik fasziniert. Bilder: Archiv Michael Mau

Koaxialhubschrauber

32

Eine Raumsparlösung

Der Koaxialhubschrauber hat eine beachtlich lange Entwicklung hinter sich und hat eigentlich die auch dramatischen Probleme auf internationalen Gebieten mitgelöst. Die größte Schwierigkeit bei diesem Konzept war die nicht sofort zu lösende Problematik des Rückdrehmoments. Eine Lösung war bereits in alter Darstellung sichtbar. Ein Kinderspielzeug aus China bestand aus einem Stab und zwei Federn. Diese drehten um den Stab entgegengesetzt. In Realität waren in den 1920er-Jahren bereits zweirotorige Helikopter in der Luft. Auf Bildern kann man die Schwierigkeiten der Lenkbarkeit erahnen. Beeindruckend ist der sehr aufwendige Mechanismus der Steuerung. Viele Steuerstoßstangen, Verstellhebel und auch Taumelscheiben prägen den oft filigranen Aufwand.

Das koaxiale Rotorsystem dieser Kamov-Maschine gleicht zwar das Drehmoment aus, erfordert aber eine komplexe Steuerkinematik. Bild: Michael Mau

Die Kamov 226 erschien mit Koaxialrotor-System und zwei Kolbenmotoren, später mit Gasturbinen. Sie besaß Module für Sanität, Passagiere oder Sprüheinsätze. Bild: Michael Mau

Kein Heckrotor nötig

Da der Entwurf, der erst viel später erfolgreich wurde, keine herausragenden Vorteile zu bieten schien, verfolgte man in aller Regel die Entwürfe mit einem Hauptrotor und Heckrotor. Der Koxialhubschrauber benötigt aber keinen Heckrotor, er hat ihn »in sich« und spart Raum für spezielle Einsätze, zum Beispiel auf Schiffen oder für den Forst- und Agrarbereich. Die aerodynamischen Vorteile der beiden übereinander rotierenden Kreisflächen sind nicht generell vorhanden, da sich die beiden Rotoren in bestimmten Flugzuständen stören können.

Um diesen Umstand zu verbessern, müssten die Rotormasten weiter in der Stufe in größerem Abstand arbeiten, aber hier ist hinsichtlich der Stabilität eine Grenze gesetzt. Die Steuerung um die Hochachse (sprich Mast) geschieht mittels Drehmomentwandlung.

Mit der Vergrößerung des Anstellwinkels des einen mit zunehmendem Widerstand und zugleich Verringerung des Anstellwinkels des anderen Rotors und Widerstandsabnahme dreht der Heli.

33 Flugschrauber

Das unbekannte »Wesen«

In der Luftfahrzeuggruppe der Drehflügler nimmt neben dem Hubschrauber und dem Tragschrauber eine weitere, jedoch weniger beachtete Bauart ihren Platz ein: der Flugschrauber. Unter dem Hauptrotor soll eine wesentlich kleinere Luftschraube das Drehmoment ausgleichen, sie wurde als Seitenschraube bezeichnet und wurde zuerst von Flettner versucht, später von Fairey in England.

Druckpropeller am Heck

Im Vorwärtsflug wird die Maschine als Flugschrauber angesehen, jedoch eingeschränkt, da der Schub des winzigen Propellers genau dem Drehmoment angepasst entsprechen muss. Es wurden verschiedene Methoden geprobt, die Seitenschraube auch gleichzeitig für den Vorwärtsfahrtzustand zu nutzen. Das erfordert auch neben der Verstellbarkeit einen größeren Konstruktionsaufwand. In einigen Versuchen war an eine

Die englische »Rotodyne«: Hub- und Tragschrauber sowie Zwei-Mot-Starrflügler. Bild: Fairey

Das Koaxialmuster mit zwei dreiflügligen Rotoren wirkt wie ein Hubschrauber und verfügt über einen Schubpropeller für hohe Geschwindigkeit. Bild: Sikorsky

Schwenkbarkeit eines Schubpropellers gedacht, wodurch auch das System des Hauptrotors im Reiseflug entlastet wurde. Ein aufwendiges Beispiel demonstriert Sikorsky mit dem Muster X-2. Auf dem keulenförmigen Rumpf rotieren entgegengesetzt zwei dreiflüglige Hauptrotoren. Am Rumpfende schiebt ein Propeller und beide Systeme ermöglichen eine Vorwärtsgeschwindigkeit von über 500 km/h. Der Rumpf schließt mit einem doppelten Seitenleitwerk ab.

Verschiedene Konstruktionen

Beim Flugschrauber wird im Prinzip zum Teil die Leistung auf den Rotor und auf eine Seitenschraube, auf einen Druckpropeller oder auf einen Zugpropeller verteilt. Eine interessante Kombination von Rotor und Antrieb stellt eine Modellversion in kleinem Maßstab, die Sikorsky S-59, dar. Diese wird von einer auf dem Rumpfrücken montierten Gasturbine angetrieben. Aber beim Modell ist die Turbine seitlich am Rumpf montiert. Sie arbeitet in Flugrichtung und kompensiert einerseits das Drehmoment und dient andererseits als Antrieb für hohe Geschwindigkeiten im Vorwärtsflug. Selbst das Modell ist mit einem Einziehfahrwerk ausgestattet.

34 Strahlhubschrauber

Ein wenig tauglicher Versuch

Es sind Hubschrauber bekannt, die anstelle des Wellenantriebes – also mit direkter Verbindung von Antrieb zum Rotorsystem – einen indirekten Übertragungsstrang darstellen. Der Antrieb des Rotors findet nicht mit Brennstoff oder Raketen statt, sondern mit an den Blattenden ausgestoßener Pressluft. Der Rumpf trägt einen Kolbenmotor, der einen Verdichter antreibt. Die erzeugte Druckluft wird über eine Zuleitung über den Rotorkopf durch die hohlen Rotorblätter geleitet und an den Blattenden mit hoher Geschwindigkeit ausgestoßen. Die Reaktion ist ohne Drehmoment. Anstelle des Kolbenmotors kann auch mittels einer Gasturbine die Druckluft mit einem Lader erzeugt werden. Die Funktion ist mit der eines rotierenden Rasensprengers vergleichbar. Dieses Konzept erreichte keine Serienreife, da der hohe Spritverbrauch und das Lärmproblem nicht gelöst werden konnten.

Die Hughes XH-17 wurde von einem 40 Meter spannenden Zweiblatt-Rotor getragen, der durch Strahltriebwerke an den Enden angetrieben wurde. Bilder: Archiv Michael Mau

Aus dieser Perspektive zeigt sich die Mächtigkeit des Zwei-Blatt-Strahlhubschraubers Hughes XH17. Der extra angetriebene Heckrotor diente nur der Richtungskontrolle.

Wussten Sie schon?

Es wurde auch mit Raketenantrieb experimentiert. Zur Anwendung kamen Flüssigkeits- und Feststoffe. Als Testtyp wurde die Sikorsky S-55 mit Dreiblattrotor auserkoren. Über der Nabe war ein Zusatztank für den Brennstoff aufgesetzt. Die Raketendüsen an den Blattenden wurden bei Start und Landung gezündet. Der hohe Verbrauch war nicht für einen Dauerbetrieb geeignet, höchstens für hohes Fluggewicht. Auch von dieser »Notlösung« wurde Abstand genommen.

35 Kipprotorflugzeug

Eine Art Hybrid

Die Entwicklung und die Zulassung dieser Kategorie überdauerte Jahrzehnte. Letztendlich hat sich diese Konstruktionsart in ihrem Einsatzbereich durchgesetzt. Das Performance-Spektrum umfasst Schwebeflug am Startplatz, Start zum Einsatzort mit hoher Geschwindigkeit, dortiger Schwebeflug mit Versorgung und Aufnahme von Personen sowie Rückflug mit hoher Fahrt, Hoverflug und Landung. Der konstruktive Aufwand ist enorm, da die Turbinen mit den Hauptrotoren an den Flügelenden in Flugrichtung und für das Schweben in die Horizontale gekippt werden müssen. Der Drehmomentausgleich benötigt keinen Zusatzrotor, er findet durch die Gegenläufigkeit der Drehflügel statt. Das Rumpfende trägt ein Höhen- und Seitenleitwerk und dient hauptsächlich der Stabilisierung bei Vorwärtsfahrt. Einige Segmente sind als Ruder eingebracht. Die Flügel sind in Schulterdeckerart aufgesetzt und verfügen über Landeklappen, die vorwiegend in geringer Fahrt wie beim Übergang vom

Die Boeing V -22 »Osprey« ist auch für Einsätze auf Flugzeugträgern vorgesehen. Bild: Boeing

Die »Osprey« stellt besonders im Übergang vom Schwebeflug in den Vorwärtsflug und umgekehrt hohe Anforderung an die fliegerische Qualifikation der Besatzung. Bild: Boeing

Hoverflug in den Vorwärtsflug und umgekehrt für eine saubere Strömung sorgen und im ausgefahrenen Zustand auch die von oben die beaufschlagte Fläche verkleinern. Die Bell-Boeing »Osprey« und die Bell-Agusta AB 609 erreichen im Reiseflug über 500 km/h. In der Hubschrauber-Konfiguration schafft die V-22B »Osprey« fast 200 km/h, beachtlich für einen Helikopter!

Eine ungewöhnliche Konstruktion

Hinsichtlich der notwendigen Formgebung, der Antriebssituationen und aerodynamischer Lösungen ist ein solches Luftfahrzeug zweifelsohne als ein Hubschrauber zu bezeichnen. Ein kritischer Zustand besteht in der jeweiligen Übergangsphase vom Schwebeflug in den Vorwärtsflug und umgekehrt. Die »Metamorphose« verwandelt das Luftfahrzeug in halb Festflügler und halb Drehflügler. Die gesamten aerodynamischen Vorgänge bieten interessante Strömungszustände: Im Schwebeflug das Auftreffen der Rotorstrahlen auf die Tragfläche, die mittels Klappen langsamflugfreundlich gewölbt sind, im Vorwärtsflug beaufschlagen die nach oben drehenden »inneren« Rotorblätter einen großen Anteil der Tragflächen von unten und in einem zu schnellen Sinkflug die Gefahr des Eintretens in das helikoptertypische Wirbelringstadium.

36 Schulhubschrauber

Nur mit Begleiter

Aller Anfang ist schwer. Besonders das Lernen, wie man einen Hubschrauber beherrscht. Die ersten Bilder von den Versuchen, das Vehikel unter Kontrolle zu bringen, zeigen zum Teil verzweifeltes Agieren des Piloten und der oft hilflosen Haltemannschaften. Völlig unerwartetes Verhalten des Drehflüglers und unangemessene Steuerausschläge erschwerten die Beherrschung aller Steuerorgane. Am Anfang blieb der

Wussten Sie schon?

Die meisten Hubschrauber verfügen über installierte Doppelsteuer. Das heißt, dass sämtliche Steuer-Bedienelemente zweifach vorhanden sind. Selbstverständlich ist dies bei den Schulmaschinen der Fall. Je nach Einsatzart sind die einzelnen Organe dann herausnehmbar und die Steuerimpulse sind auf der »Lehrerseite« oder auf jener des Copiloten mit der fest verbauten Anlage identisch. So ist bei einem Crew-Wechsel keine verfälschte Reaktion des Hubschraubers als Antwort zu erwarten. Die häufigsten Anlagen bestehen aus dem festverbauten Zentralknüppel der zyklischen (oder periodischen) Steuerung. An diesem sind Knöpfe für die Betätigung der elektrischen Trimmung und Scheinwerfer angebracht. Die Arretierung oder »friction adjuster« ist nur an diesem Knüppel angebracht. Jener der Copilotenseite ist meist spartanisch bestückt, da bei einer komplexeren Anlage der Umfang des Wechsels zu groß wäre. Bei einer Schulmaschine muss der Aus- und Einbau einfach und schnell sein. Das Triebwerk muss abgestellt und wieder gestartet werden. Bei Soloflügen während der Schulung muss das Doppelsteuer ausgebaut sein. Der Pitch oder kollektive Blattverstellhebel kann durchaus komplexer bestückt sein: Drehgasgriff und Anlassknopf, manuelle Betätigung der Triebwerke, Landescheinwerfer. Bei größeren Maschinen verbleibt die beidseitige Steuerung. Die Pedale sind bei kleineren Mustern einfacher entfernbar. Auch der Stick, Pitch und die Pedale sind z. B. bei der R-22 durch einfache Pins gesichert und herausnehmbar.

Mann an Bord vollkommen allein. Helfer rannten davon, sicherheitshalber fesselte man den Heli am Boden und ließ dabei eine knappe Bewegungsfreiheit, sodass wenigstens die Steueransprachen und Reaktionen prinzipiell beobachtet werden konnten. Für die Anfängerschulung nutzte man im Lauf der Zeit meistens bereits eingesetzte Muster. Es waren auch aus Sicherheitsgründen Zweisitzer, von der Idee der Einsitzigen kam man früh ab, von MBB ist der Versuch eines solchen bekannt, bei dem der Fluglehrer außerhalb auf einem Motorradsattel saß und von dieser Position aus durch die Tür eingreifen konnte. Heckrotor und Pitch waren normal steuerbar. Die periodische Steuerung war möglich, da das Gerät Auf einem Schwimmer montiert war, der auf einem künstlichen Teich schwamm und Bewegungen in alle Richtungen zuließ. Haupt- und Heckrotor bestanden aus jeweils einem Blatt mit Gegengewicht.

Zahlreiche nachfolgende Muster erschienen auf dem Markt und konkurrierten in verschiedenen Ausführungen und Philosophien. Die meisten erschienen zweisitzig und mit verschiedenen Antrieben. Auch Viersitzer gelangten zur Schulung und oft mussten dafür zwei leere Sitze profitlos in die Übungsstunde mitgenommen werden. Bewährte Muster sind beispielsweise die R-22, R-44, H-269, Bell-47, Bell 206, F-28.

Hier wird die schwerpunktmäßige Flexibilität demonstriert und die Mitnahme eines Fluglehrers getestet. Bild: Sikorsky – Bild gegenüberliegende Seite: Archiv Michael Mau

Schwimmfähige Hubschrauber

37

Schwimmen will gelernt sein

Frühe Aufnahmen zeigen Versuche und Flüge von Luftfahrzeugen über einer Wasserfläche. Dafür gab es Gründe und so konnte auch im Falle eines Unfalls die Umgebung gegen umherfliegende Trümmer einigermaßen abgeschirmt werden. Denn es war auch bei einer Mehrzahl von Hubschraubern der erste Flugversuch nicht von Erfolg gekrönt. An Land konnten Schwerpunktbereiche eingekreist und korrigiert werden. Auf der Wasseroberfläche musste das Gewicht der Schwimmer, deren Auftrieb und das Verhalten im Luftstrom des Rotors erprobt werden. Im schwimmenden Zustand und bei Zufuhr

der Leistung entwickelte der »Hydravion« sein Eigenleben. Während des Verlassens der Wassermasse zeigte sich der Einfluss einer geneigten Rotorkreisfläche mit der seitlichen Drift, das Drehmoment und auch die Horizontaldrift des Heckrotors, die eine Kraft auf den gesamten Hubschrauber ausübt. Der Ausgleichsrotor entwickelt auch ein eigenes Drehmoment, das sich abhängig von seiner Drehrichtung in Änderungen des gesamten Helikopters um seine Nickachse äußert. Er sollte hoch genug über der Wasseroberfläche rotieren. Auch das Gebaren in Vorwärtsfahrt muss demonstriert werden.

In dem Entwurf von Hubschraubern, die für den Einsatz über größeren Wasserflächen wie Offshore zum Beispiel für die Versorgung von Öl- und Gasbohrinseln, Suche und Rettung in Seenot Befindlicher, Evakuierung von Schiffbrüchigen, Lotsendienste und Bergung Erkrankter muss auch an die eigene Sicherheit gedacht sein. Die »billigste« Ausstattung für den eigenen Seenotfall, wie Triebwerksausfall, sind aufblasbare Schwimmerelemente, die ein Mindestmaß an Verbleib auf der Wasseroberfläche bis zur Eigenrettung ermöglichen. Die beste Absicherung und für den optimalen Einsatz sieht einen schiffsähnlichen und schwimmfähigen Rumpf vor. Die seitlichen Stützschwimmer können optional Einziehfahrwerke und Kraftstoff-Tanks aufnehmen.

Die zweimotorige Sikorsky S-61 und weitere Typen sind an Land wie auf See einsetzbar. Auch die Landung auf Schiffen wie Flugzeugträgern ist ein Muss. Eine repräsentative Auswahl von Amphibien: Sikorsky S-61, S-51, SA 320, Mi-17, MDD 500, Mi-14, Bell-47. Während des Flugbetriebs auf Flugzeugträgern werden diese von Rettungshubschraubern begleitet.

Außer dieser Sikorsky S-61 ist auch die Mi-14 (S. 72) schwimmfähig. Bild: Michael Mau

38 Aufgabe: SAR

Suchen und Retten

Die drei Buchstaben an den Rumpfseiten eines Hubschraubers sind seit Generationen bekannt und wenn der Helikopter nicht zum Tanken, zur Wartung oder zum Transport unterwegs war, musste irgendeine andere dringende Aufgabe vorliegen. Wie die Buchstaben verkünden, ist der Hauptzweck Suche und Rettung oder Englisch »Search And Rescue«. Die Besatzung bestand aus Pilot, Copilot und Luftretter. Die Einsätze starteten auf verschiedenen Stationen, zivile und militärische Einheiten waren dem SAR-Dienst zugeordnet. Die Einsatzgebiete erstreckten sich grob auf Flachland, Seegebiete und alpinen Bereich.

Die ersten SAR-Hubschrauber

Im Verlauf der Rettungsstruktur verfeinerten sich die Methoden der Suche, der Auffindung und Aufnahme bis zum Transport zur nächsten Klinik bzw. Intensivunterstützung. An ein geeignetes Rettungs-

Die Mil Mi-14 ist für Wassereinsätze konzipiert. Bild: Milosz Rusiecki

Die aus Italien stammende Agusta A-109 im Rettungseinsatz. Bild: Michael Mau

mittel wurde bereits in der Hubschrauber-Konzeption gedacht, aber anfangs wurden Rettungsflüge auf See mit Flugbooten unternommen. Diese waren zahlreich mit mehreren Triebwerken unterwegs. Man dachte auch an die Sicherheit der Retter. Die Hubschrauber waren meist mit einem Triebwerk sogar über See im Einsatz. Tragische Verluste ließen den Ruf nach einem zweiten Triebwerk lauter werden. Endlich ersetzte die zuständige Marine die Bristol »Sycamore« und die Sikorsky H-34 durch die zweimotorige »Sea King«.

Mit Klinikausstattung

Die Schwimmfähigkeit und die Ausrüstung mit Notschwimmern war schon immer die Minimalausstattung für über See operierende Hubschrauber. Auch mit der persönlichen Ausrüstung der Rettungsbesatzung muss trainiert werden, dass der Umgang damit nicht erst am Einsatzort erkundet werden muss. Die Rescue-Coordination-Center sorgen für die schnellste Zusammenführung von Hubschraubern und Zuweisung zu den medizinischen Stationen. So werden Rettungshubschrauber auf kürzestem Weg und ohne Zeitverlust zur Havariestelle geführt und ebenso der medizinischen Versorgung zugeführt.

Heutige Rettungs-Helikopter verfügen über Erste-Hilfe-Möglichkeit, Einrichtung und Ausstattung wie in einer Klinik. Im alpinen Bereich ist die Suche und Rettung mit dem Hubschrauber von großer Bedeutung.

Der Aufbau des Luftrettungswesens begann mit dem Einsatz der Bell-47 auch in großer Höhe. Flüge in einem solchen Terrain erfordern große Erfahrung und die Landungen auf schrägen und schneebedeckten Flächen sicheres fliegerisches Geschick. In sämtlichen drei genannten möglichen Einsatzgebieten hat der Hubschrauber einen selbstverständlichen Standby-Modus erreicht und wird auch leider immer öfter von aus Leichtsinn in Not Geratenen gerufen.

Eine neue Entwicklung im Rettungswesen ist der Sucheinsatz einer Drohne als »Spürhund«. Erst nach der Auffindung etwa eines Verletzten wird der Hubschrauber eingesetzt. Wichtig ist dabei die Ausstattung des Opfers mit einem Positionsmelder, wie er aus der Lawinenrettung bekannt ist.

Um eine ständige notfallmedizinische Versorgung zu garantieren, werden ständig auch Verlegungen der Luftrettung-Standorte vorgenommen.

Bergungseinsatz in den Schweizer Alpen. Solche Rettungsaktivitäten sind alltäglich und werden oft wie selbstverständlich beansprucht. Bild: Michael Mau

Militärhubschrauber

39

Höchste Anforderungen an die Technik

Fast bei jedem Helikopter wird die Verwendbarkeit auch auf dem militärischen Sektor bewertet. Anfänglich wurde an den Einsatz als Transportmittel für Personen und Material gedacht, später wurde er auch als kämpfendes Fluggerät konzipiert. Rein als Zivilhubschrauber entwickelte Exemplare wurden bald auch militärischen Zwecken zugeführt und zu entsprechenden Einsatzmustern modifiziert. Einige Militärmuster werden nach ihrer »Dienstzeit« zivil verwendet. Außer den leichten und »kleinen« Typen werden für Lastentransporte auch schwere Muster verwendet. Bekannte überwiegend militä-

risch verwendete Helikopter sind Sikorskys CH-34, CH-53, S-55, S-60 in verschiedenen Einsatzkonzeptionen, Boeing Vertol CH-47 bekannt als »Chinook«, der leichte Hughes-500, Bölkow 105, die Agusta Westland EH 101 tritt mit drei Gasturbinen auf, ebenso die allmächtige Sikorsky CH 53 »Super Stallion«.

Kampfhubschrauber in West und Ost

Als reine Kämpfer erschienen in den 1970er-Jahren die Mil Mi-24 und fast zeitgleich die Bell AH-1 »Cobra«. Boeing AH-64 »Apache« und EC 665 kombinieren weitgehend sämtliche von einem Kampfhubschrauber geforderten Fähigkeiten. Die NH-90 zeigt sechseckigen Rumpfquerschnitt für Beeinflussung der Radar-Rückstrahlung. Sie ist auch für einen maritimen Einsatz entworfen. Ihre Besonderheiten sind Korrosionsschutz für Flüge über Salzwasser und für Flüge in Wüstengebieten mehr Erosionsschutz gegen Sand – und wegen hoher Temperaturen mit höherer Leistung.

Die östlichen Nachbarn verfügen über Mi-17, Kamov KA-50/52, KA-31. Das deutsch-französische Projekt Eurocopter »Tiger/UHU« wird auch in außereuropäischen Ländern eingesetzt.

Mit der Fähigkeit zu Akrobatik-Flugmanövern hat sich das Verwendungsspektrum enorm erweitert. Während luftkampfähnlicher Situationen ist für Angriff wie für Abwehr durchaus eine »Überkopf-Flugfigur« zwingend erforderlich. Der Kampfhubschrauber wird von zwei Personen bedient. Das Tandemcockpit teilt sich in »Frontseater« und »Backseater« auf. Die Steuerung und Flugführung geht vom Pilotensitz aus und die Bedienung der Waffensysteme erfordert

Die Familie der Tandemrotorer hat ihr Konstruktionsprinzip bewahrt. Bild: Jeff Evans

eine entsprechend qualifizierte Person. Das betrifft sämtliche Rohrwaffen wie die Bordkanone, aber auch Raketen und Abwurfmunition. Zur Abwehr gegen Radar- oder wärmesuchende Geschosse werden Täuschmunition und ausgestoßene Fackeln verwendet.

Eine Hauptaufgabe der Militärhubschrauber ist die »Combat Search and Rescue«-Rolle. Auch zu Friedenszeiten wird die Gelegenheit genutzt, über gegnerischem Terrain verunglückte Besatzungen zu suchen und zu retten. Die Auffindung mit allen verfügbaren elektronischen Mitteln wird über Seegebieten und über schwierigem Gelände geprobt.

Mit der Bell AH-1 »Cobra« hat sich das Konzept der Kampfhubschrauber etabliert und weiter entwickelt, siehe dynamische Komponenten. Bild: Bell

Bei dieser CH-46 hat sich mit der Farbgebung ihr Einsatzzweck geändert. Bild: Jeff Evans

Mit der Bo-105 stieg die Bundesrepublik Deutschland in das Hubschrauber-«Kampfgeschehen« ein. Bild: MBB

Mit dem Erscheinen der aggressiv wirkenden Mil Mi-24 in der Sowjetunion erlitt der Westen zunächst einen leichten Schock. Bild: Mil

Auch Kamov stieg mit aufsehenerregenden Konstruktionen in die Militär-Hubschrauber-Szene ein, zum Beispiel mit der KA 52 »Alligator«. Bild: Kamov

Bei diesem Eurocopter 145 wird die Sicherheit über See mit einer zweiten Turbine gesichert. Bild: Eurocopter

Moderner US-amerikanischer Hubschrauber Boeing AH-64a »Apache«. Bild: Boeing

Der Eurocopter »Tiger« ist auf die rein militärische Rolle zugeschnitten und mit der neuesten Elektronik ausgestattet. Bild: Eurocopter

Cargo-Hubschrauber

Innen und außen

40

Der Begriff Cargo bezeichnet Innenbeladung und äußere Last. Letztere wird im zivilen wie auch im militärischen Bereich angehängt. Viele Aufnahmen zeigen Außenlasten, zum Teil auch sehr sperrige, die nur am Helikopter untergehängt transportiert werden können. Am Rumpf des Drehflüglers sind dafür vorgesehene Anschlusspunkte angebracht und die zellenseitigen Areale sind kraftschlüssig verstärkt. So können diese Punkte die Kräfte weiterleiten, ohne dass Verformungen oder größere Schäden an der Struktur entstehen. Auf seltenen Aufnahmen können in den Nietfeldern Diagonalfalten sichtbar werden. Die Ansätze sind so verteilt, dass keine erheblichen Verschiebungen im Schwerpunktbereich zustande kommen. So ist an Maschinen mit vier Ansatzpunkten wie bei der Sikorsky S-58 am Schnittpunkt der Diagonalen der Schwerpunkt anzunehmen. Hier wird auch die Außenlast

Die Militärversion der Sikorsky S-58 wird auch von den U. S. Marines verwendet. Bild: Sikorsky

Mit zwei Rotoren sind auch Außenlasten kein Problem. Das zeigt dieser UNO-Hubschrauber bei einem humanitären Einsatz. Bild: Michael Mau

eingehängt und aufgenommen. Die Last muss gebündelt und gegen Verrutschen akkurat gesichert sein, um einen plötzlichen drastischen Einfluss auf die Fluglage im Schwebeflugzustand zu entwickeln. Der genaue Standort während der Lastaufnahme muss durch zwei Einweiser zuverlässig kontrolliert und per »Zeichensprache« abgestimmt sein. Sollte sich dabei eine Triebwerksstörung ergeben, muss die Last im Notfall abgelegt, ausgeklinkt oder abgeworfen werden.

In der Luft

Der Flug mit der Außenlast ist geschwindigkeitsmäßig begrenzt. Fluglageänderungen wie Verlangsamung oder Beschleunigen sowie Ein- und Ausleiten einer Kurve müssen moderat erfolgen. Das Gewicht soll stets senkrecht unter dem Hubschrauber hängen. Es können größere Pendelschwingungen auftreten und wenn diese nicht beherrschbar sind, muss man sich von der Last durch Abwerfen befreien. Wenn größere Schwingungen entlang der Hochachse auftreten, muss man bedenken, dass Amplituden möglicherweise das zulässige Maß an positiven Belastungen kurz überschreiten und auch einen Aufhängepunkt schädigen.

Die Mi-26 hier mit einer spektakulären sperrigen Außenlast. Bild: Archiv Michael Mau

Manche Hubschrauber haben ihren Lasthaken innerhalb der Zelle, welcher innerhalb seines »Tunnels« einen bestimmten Spielraum von 360 Grad aufweist. So ist während des Flugzustandes ein Spielraum für die Fluglage ohne einen »starren« Anschlag geschaffen. Eine um die Hochachse des Hubschraubers rotierende Last beruhigt sich normalerweise bei Vorwärtsfahrt, wenn die Form eine Wetterfahnenwirkung erzeugt. Eine besondere Schwierigkeit bereitet zum Beispiel das Aufstellen eines am Boden liegenden Masts. Das Aufrichten in die Senkrechte verlangt Vorstellungsvermögen vom Kreisbogen eines Viertelkreises.

Auch bei der Mi-26 ist manchmal ein komplexer Triebwerkwechsel erforderlich. Bild: Franz Mayer

Unbemannter Hubschrauber

41

Ohne »Fahrer« – nun auch hier?

Auf dem Hubschraubersektor ist mittlerweile eine vielfältige Reihe von Konstruktionen in sämtlichen Lufträumen unterwegs. Inzwischen gilt ein Drehflügler nicht mehr als Sensation, wenn er ohne Besatzung an Bord vom Boden abhebt, eine bestimmte Strecke zurücklegt und zielsicher wieder landet. Es wurden bis heute schon viele bewährte Muster für diese Betriebsart modifiziert und in verschiedenen Rollen auch eingesetzt.

Besatzungen bleiben am Boden

Der Antrieb mit Kolbenmotor wurde von der einfachen Gasturbine verdrängt. Der gesamte Flugvorgang wurde vom Boden aus von erfahrenen Besatzungen pilotiert. Die anspruchsvolle Bedienung wird in Simulatoren trainiert und ist fast mit dem Modellflug vergleichbar. Die Auf-

Eine unbemannte MQ-8B Fire Scout in der Luft. Sie wurde zur erfolgreich Erprobung von Biosprit herangezogen. Bild: U. S. Navy/Kelly Schindler

Unbemannter Helikopter EC-145! Bei von außen pilotierten Helikoptern kann anstelle des Gewichts der Besatzung zusätzlich Kraftstoff aufgenommen werden. Bild: Archiv Michael Mau

gaben erstreckten sich auf Suche und Rettung, Lastenflüge, Überwachung und Sicherung. Die meisten der ersten Versuche fanden im militärischen Bereich statt, auch von Schiffen und von Flugzeugträgern aus.

Die Entwicklung ist bereits soweit fortgeschritten, dass die Vehikel nach Auftragserfüllung automatisch zu ihrem Stützpunkt zurückkehren und landen. Die UAVs (unmanned Air Vehicle) übernehmen auch im zivilen und kommerziellen Bereich Aufgaben, etwa bei der Rettung. Bei länger dauernden Flügen kann bei nicht an Bord befindlicher Besatzung deren fehlendes Gewicht in Kraftstoff umgemünzt werden. Die dadurch erforderliche Installation und Ausstattung für diese Flugeigenschaften ist leichter. Es werden keine Sitze, Steuerelemente und Instrumentierung erforderlich.

UL-Hubschrauber

42

Ultraleicht zum »Volkshubschrauber«?

Die bodengebundene Menschheit träumt seit sehr geraumer Zeit vom »durch die Lüfte Schweben«. In moderneren Phasen der Technik wurde aus diesen Träumereien die Vorstellung von einem »Volkswagen der Lüfte« – warum auch sollte das nur beim Auto gehen? Der Drang zur Verwirklichung eines solchen Luftfahrzeugs muss auch minimalen Forderungen entsprechen können, damit die Konstruktion kleine, aber massenhafte Herstellung ermöglicht. Betrachtet man die ersten flugfähigen Maschinen, so war hier der Zwang zum Geringgewicht erkennbar, da die Motoren noch schwer und die Aerodynamik noch nicht soweit ausgefeilt waren. Von den damaligen Drehflüglern hat man den Eindruck, dass sie sich sehr stark abmühten, wenigstens in Bodennähe in der Luft zu bleiben. Mit der rasanten Entwicklung der Antriebe und deren deutlicher Gewichtsreduktion nahm der Hubschrauber allmählich seine »traditionelle« Gestalt an. Mit der Zeit öffneten sich mehrere Verwendungszweige mit Einsatz in verschiedenen Luftfahrtsparten. Diese zielten zunächst auf den Transport von Personen. Helikopter nahmen prinzipiell ähnliche Konzepte zur Herstellung an, es kristallisierten sich aber unterschiedliche Baumuster heraus und gestalteten sich in für ihre Hersteller typische Bauformen.

Bei den ultraleichten Helikoptern wie dieser Cabri G2 von Guimbal versucht man, sämtliche Gewichte zu minimieren. Bild: Guimbal

Das Maximalgewicht der Dynali aus Frankreich von 560 Kilogramm lässt eine Zuladung von 260 Kilogramm zu. Bild: Michael Mau

Im Verlauf immer größer und schwererer Konstruktionen rückte der Wunsch auch nach weniger komplexen Hubschraubern in den Hintergrund. Ausnahmen sind die gebräuchlichen Schulungsmuster. Die meisten sind für die Bezeichnung »ultraleicht« zu schwer.

Es dauerte bis in die zweite Hälfte des 20. Jahrhunderts, bis einige den behördlichen Vorstellungen entsprechende Muster in die Luft gelangten. Nachdem in den 1920er-Jahren mit Blattspitzenantrieben experimentiert wurde, konnten jetzt für den Kleinhubschrauber geeignete Benzinmotoren verwendet werden. Die Ergebnisse hatten zwar Modellcharakter, aber ihre Funktion und ihr Image glich den »Großen Brüdern«.

Die Konstruktionen verfolgten möglichst einfache und leichte Konzepte. Es wurde versucht, einen Hubschrauber im Miniformat mit modernen Materialien zu schaffen und einen kostengünstigen Betrieb und auch eine Schulung zu gewährleisten. Einige Muster stehen stellvertretend für die Vertreter der ultraleichten Klasse. Es wurde in der neuen Hubschrauberära auch an die Möglichkeit des Eigenbaus aus dem Baukasten gedacht.

Ein Exemplar der Kleinhubschrauber stellt die italienische CH-7 dar. Das Triebwerk mit 115 PS ermöglicht mit einem Abfluggewicht von 450 Kilogramm eine Reisegeschwindigkeit von 200 km/h. Das Muster vereint einfache Bauweise und aerodynamische Eleganz. Ein weiterer »Winzling« der UL-Klasse ist mit einem Zweiblattrotor und einem ummantelten Heckrotor von einem Rotax von 115 PS angetrieben. Es existiert auch ein Koaxial-Muster unter den Uls.

Die ersten Hubschrauber

Paul Cornu 1907 und die Anfänge

43

Die Pioniere der Fliegerei nahmen sich seit den frühesten Versuchen stets den Vogelflug, also die Bewegung in der Luft mittels beweglicher oder starrer Schwingen zum Vorbild. Wann die Idee des freien Fluges mit drehenden Flügeln aufkam, ist nicht mehr exakt nachweisbar, fest steht jedoch, dass bereits vor mehr als 400 Jahren Leonardo da Vinci über das Prinzip der Hubschraube nachgedacht hatte. Auch der Begriff des Helikopters entstammt, abgeleitet aus dem griechischen »spiralig« und »Flügel«, seiner Beschreibung.

Der erste Helikopter hebt ab

Doch zur brauchbaren Vollendung seiner richtungweisenden Konstruktion dauerte es Jahrhunderte, bis die aerodynamischen und flugtechnischen Probleme sowie die des Antriebs gelöst werden konnten. Gegenüber Antriebsentwürfen mit Handkurbeln, Pedalen, Dampfmaschi-

Mit seinem Erstflug-Modell betrieb Paul Cornu bereits das Prinzip des Tandemrotors, dabei kompensieren diese das Drehmoment. Bild: Archiv Michael Mau

Auch in den Anfängen standen für Cornus Helikopter zur Wahl entweder mehrere kleine Rotoren oder zwei größere. Bild: Archiv Michael Mau

nen und Elektromotoren setzte sich endlich der Verbrennungsmotor durch, der 1907 den ersten reinen Hubschrauberflug mit Monsieur Cornu in seiner Maschine »Cornu No. II« ermöglichte.

Jahre zuvor und danach verhalfen unzählige Modellversuche und persönliche Experimente zur Kristallisation der gebräuchlichsten Konstruktionsrichtungen. Parallel zum reinen Drehflügler entwickelte sich auch die Klasse der Gyrocopter, die jedoch nur in den kurzen Phasen des Starts und der Landung den Vorzug des rotierenden Flügels nutzen können.

Cornu wirkte nicht nur durch die Idee vom Tandemrotor sondern auch mit seinem Versuch, vom Rotorstrahl darunter stark beaufschlagte Flächen zur Steuerung zu nutzen, auf die Forschung ein. Bei einigen Flugzuständen konnte dies nicht aktive Unterstützung sein.

Deutsche Erfindungen

Die Focke Wulf Fw 61 von 1936 war der erste brauchbare Hubschrauber mit Twinrotoren, die auf seitlichen Auslegern gelagert waren und gegenläufig drehten. Der 150 PS leistende Sternmotor diente nur der Kühlung. Es war der erste Hubschrauber in der Geschichte der Fliegerei, mit dem eine Autorotationslandung gelang. Ein anderer deutscher Hubschrauber war die Flettner Fl 282 Kolibri, die 1941 zum ersten Mal geflogen war.

Focke Wulf Fw 61. Bild: Archiv Michael Mau

Wussten Sie schon?

In Bückeburg kann man im Hubschraubermuseum unter anderem einen Nachbau der Cornu-Maschine und der Fw-61 besichtigen, außerdem viele der in diesem Buch gezeigten Modelle. Über 50 Helikopter und ein Hubschrauber-Flugsimulator demonstrieren Geschichte und Technik der Drehflügler.

Großes Bild: Der Zweiblattrotor gewann zunächst die Oberhand, sichtbar ist der am Rotorkopf eingesetzte Stabilisator mit Kreiselwirkung. Dieses Prinzip wirkte auf die Blatteinstellung. Im Bild eine Bell 30. Bild: Archiv Michael Mau

Unten: »Mister Helikopter« Igor Sikorsky war meistens mit Hut und Schwimmern unterwegs. Hier mit der Stahlrohr-Heck-Sikorsky VS-300. Bild: Sikorsky

Bristol 171 Sycamore

Hubschrauberveteran aus Großbritannien

44

Der aus dem Jahr 1944 stammende Entwurf kam 1947 zum Erstflug. 1949 erhielt die »Sycamore« als erster britischer Hubschrauber eine Zulassung. Verbesserungen der Zelle sowie Erhöhung der Triebwerksleistung führten zur Serienreife der Standardversion, welche das Ausgangsmuster für viele Varianten ergab; die Form der Zelle findet sich in vielen anderen Nachfahren auf dem Hubschraubersektor. Die weitgehend sphärisch gewölbten Flächen des Rumpfes schließen die unteren Bugfenster ein. Die Windschutzscheiben sorgen für ein Image, das stark an die zeitgenössischen Douglas-Flugzeuge erinnert. Die hinteren Türen konnten für SAR-Zwecke gegen »bubble doors« getauscht werden. Auch kam eine seitliche Winde zum Einsatz.

Hinter dem Passagierraum war der luftgekühlte Sternmotor horizontal eingebaut. Die drei Hauptrotorblätter bestanden aus Rohrholm und Holzrippen mit Beplankung – ebenso der Dreiblatt-Heckrotor. Der Knick des Heckauslegers erlaubte dem Hauptrotor mehr Spielraum während möglicher Schlagbewegungen bei geringer Drehzahl. Durch diese Kröpfung gelangte der Angriffspunkt des Ausgleichsrotors auf etwaige Höhe des Hauptrotors. Die einzige Stabilisierungsflosse an diesem langen Hebelarm war ein kleiner horizontaler Stabilisator. Der Heckrotor der »Sycamore« erwies sich als empfindlichster Bauteil.

Das Bugradfahrwerk war nicht einziehbar. Bei der Landung musste Vorwärtstendenz beibehalten werden, um der Federcharakteristik des Hauptfahrwerks nachzukommen.

Die B-171 wurde neben vielen in- und ausländischen militärischen Aufgaben von der BEA (British European Airways) eingesetzt.

Cockpit und Außenansicht der Bristol 171 »Sycamore«. Bilder: Michael Mau

Die »Bubble« Bell-47

45 In klassischen Bond-Filmen oft zu sehen

Was wäre der Bell-Hubschrauber ohne seine »Glaskugel« oder der mit dem »Goldfischglas«. Weltweit hat die Bell-47 dadurch einen unübertroffenen Bekanntheitsgrad erreicht. Das Erstaunliche ist ihre immer noch währende Nutzung auch im Schulungsbetrieb. Der Hubschrauber verkörpert alle im Flug beanspruchten Fähigkeiten. Die dem Hubschrauber eigentümlichen Steuerelemente verlangen gute Koordinationsfähigkeit, Mehrfacharbeit, Um- und Übersicht beziehungsweise Vorausplanung.

Ein Hubschrauber für richtige Piloten

Das Muster übt den Helikopteraspiranten rechtzeitig auf die späteren Erfordernisse bei den weiterführenden Mustern ein. Die teilweise kraftverstärkende Hydraulikanlage für die zyklische Steuerung und den kollektiven Pitch mit dem stets beanspruchenden Drehgasgriff für die

Präsident Kennedy flog des öfteren Hubschrauber, hier mit der Bell-47. Bild: Archiv Michael Mau

Die Bell-47 wurde schnell als »Die mit der Glaskugel« berühmt. Bei der US-Armee diente sie als H-13, so hier beim Verwundetentransport. Bild: Archiv Michael Mau

»Drehzahlgestaltung« sind für viele Einsteiger gewöhnungsbedürftig, zumal auch die Dosierung und der »Kräfteaufwand« nicht ausgeglichen sind. Mit anderen Worten: Die Bell will geflogen werden!

Vielseitig einsetzbar

Die »Glaskugel« hatte auch mehrere zweckdienliche Formen gezeigt. Außer der totalen metallischen Verkleidung war in der Front ein Taucherbrillen-ähnlicher Rahmen, der ein großes Glassegment umfasste. Bei verschiedenen Einsätzen wurde so bei Beschädigung nicht das gesamte plexiverglaste Areal betroffen, sondern nur ein geringer Teil. Sie konnte auch ohne beide Türen bis zu einer Geschwindigkeit geflogen werden, welche die Aerodynamik noch nicht zu sehr benachteiligte. So wurde die Klimaanlage ersetzt. Ob schwimmerbewehrt über Wasser oder mit kufenähnlichen Brettern auf Schnee, in Gegenden mit hohen oder tiefen Temperaturen, die »Bubble« mit Gitterschwanz trat überall auf.

Verschiedene Antriebe bewegten sie und neben den Kolbenmotoren hatte die Gasturbine keine allzu großen Auftritte.

Die Bell-47 ist eigentlich eine altbewährte Maschine, auf der Generationen geschult haben, heute wird sie für Rundflüge und Demonstrationen genutzt. Bild: Michael Mau

N74084
NO TURN

Die schlanke Bell 206

Sehr gute Flugeigenschaften

46

Dieses Modell wurde aus einem nicht realisierten Entwurf eines militärischen Beobachtungshubschraubers abgeleitet. Der Erstflug fand im Januar 1966 statt. Die zivile wie auch die militärische Ausführung wurden in großer Stückzahl in verschiedenen Versionen produziert. Die Grundform der Zelle blieb bis heute erhalten. Die äußerlich schmale und dennoch geräumige Kabine bietet auch gute Sichtverhältnisse für Piloten wie für Passagiere. Hinter dem Kabinenraum ist der Tank untergebracht, die Kapazität kann durch einen sogenannten Range Extender vergrößert werden. Am Krokodilheck schließt der ungekröpfte Heckausleger an. Gegenüber dem Heckrotor ist die Vertikalflosse montiert. Die horizontale Stabilisierungsflosse wirkt an der Mitte der Heckauslegerröhre.

206 B Jet Ranger

Die 206 B Jet Ranger III wird durch eine Allison 250 C-20 B angetrieben, das Abfluggewicht stieg auf 1.520 Kilogramm. Sie bietet Platz für vier Passagiere und einen Piloten. Die Maschine wurde 1977 eingeführt. Gegenüber dem Vorgängermuster erhielt sie ein stärkeres Triebwerk und kleine Verbesserungen etwa am Heckausleger. Lizenzbauten fanden bei Agusta in Italien und bei CAC in Australien statt. Hervorzuheben sind die Flugeigenschaften der Bell 206 allgemein. So wird sie häufig zur Schulung auf Turbinenhubschrauber eingesetzt und bildet eine solide Grundlage für weiterführende Ausbildungsprogramme auf komplexeren Typen. Die Autorotationseigenschaften sind Bell-charakteristisch.

Bell 206 L Longranger und L-3 Twin Ranger

Diese Ausführung ist verstärkt und gestreckt. Das Abfluggewicht beträgt 1.815 Kilogramm, die Höchstgeschwindigkeit 230 km/h. Die Heckflosse erhielt Endplatten. Das Kabinenvolumen konnte fast verdoppelt werden. Die 206 L-2 Longranger III wird von einer Allison-Gasturbine 250C 30P mit 650 WPS angetrieben.

Die Bell 206 L-3 Twin Ranger wurde seit 1994 geliefert. Die Betriebsphilosophie dieser Version sieht die Sicherheit des Zweiturbinen-Antriebs jeweils der Start- und der Landephase vor, während im Reiseflug nur ein Triebwerk im ökonomischen Dauerbetrieb benötigt wird.

Die Flugeigenschaften der Bell 206 sind hervorragend. So wird sie häufig zur Schulung auf Turbinenhubschrauber eingesetzt. Hier allerdings ist sie im Dienst für die Nachrichtensparte eines kanadischen Fernsehsenders. Bild: Bell

Die Bell 206 ist auch mit großdimensionierten Schwimmern flugfähig, allerdings in der Leistung marginal. Bild: Bell

Die 400er-Familie von Bell

47

Von der 407 zur 429

Mit einer Reichweite von fast 600 Kilometern und einer Nutzlast von 1.100 Kilogramm beziehungsweise einem Piloten und sechs Passagieren stößt die 407 durchaus in den Sektor der Firmenluftfahrzeuge vor. Das maximale Abfluggewicht mit externer Last beträgt 2.700 Kilogramm. Die einturbinige Bell 407 ist der realistische Ersatz für die bewährten Bell 206 Jet Ranger und Twin Ranger. Die Flugerprobung begann 1995. Auffallendes Merkmal ist der von der Militärversion OH-58D entwicklungstechnisch übernommene Vierblattrotor. Die Rechteck/Trapezblätter sind aus Kunststoff gefertigt und sind vibrationsärmer. Die Turbine wird über das digitale System FADEC gesteuert. Der neue Heckausleger weist gepfeilte Endscheiben auf. Die Kabine ist vergrößert, ebenso Fenster und Türen.

Bell 417

Die 417 ist die einmotorige Weiterentwicklung der 407. Mit 970-WPS-Gasturbine wurde das Abfluggewicht auf 2.495 Kilogramm erhöht, die Nutzlast auf 1.210 Kilogramm. Die Höchstgeschwindigkeit liegt bei 260 km/h. Die Schwebeflughöhe beträgt ohne Bodeneffekt 3.050 Meter. Die Kabine bietet Platz für bis zu sieben Personen. Die Instrumentierung ist in LCD ausgeführt.

Bell 427

Die Bell 427 VFR ist in Zusammenarbeit von Bell Textron, Canadian Division und Samsung Aerospace Industries (Korea) entstanden. Auch hier dominiert die Basis der 407.

Den Antrieb liefern zwei Gasturbinen Pratt & Whitney Canada PW 207D mit je 625 WPS. Die dynamischen Komponenten stammen ebenfalls von der 407.

Blick ins Cockpit der Bell 427. Bild: Michael Mau

Bell 407 und Bell 427 beim gemeinsamen Ausflug. Bild: Bell

Bei einem Fluggewicht von 2.880 Kilogramm wird eine Schwebehöhe im Bodeneffekt von 2.740 Metern erreicht, ohne 1.830 Meter. Die maximale Reisegeschwindigkeit beträgt bei 2.270 Kilogramm 265 km/h. Die Flugdauer bei 111 km/h beträgt vier Stunden.

Bell 429

Dieses Modell ist das erste Bell-Design dieser Klasse mit Bugfahrwerk; die Basisform der 206 ist immer noch dominierend, wurde jedoch aerodynamisch deutlich verfeinert. Der auffällige Rumpfrücken umfasst die Antriebs- und Getriebeeinheit in einer für Reiseflug oder auch Schwebeflug günstigen Form. Die gesamte Gestaltung basiert auf der Verwendung von Verbundwerkstoffen. Außer dem Vierblatt-Hauptrotor weist auch der Heckrotor vier Blätter auf, die zur Geräuschminderung in X-förmiger Stellung laufen. Die Cockpit-Instrumentierung ist voll digitalisiert.

Mit der Bell 429 Global Ranger, die seit 2007 fliegt, wurde ein Optimum an Aerodynamik, Wirtschaftlichkeit und Kostenfaktor erreicht. Die

Die BELL 429 im »static display«. Bild: M. Mau

Aufnahmemöglichkeit von Pilot und bis zu acht Passagieren oder aber interner Fracht von 1.225 Kilogramm, sowie im Ambulanzeinsatz für zwei Liegendverletzte, zeigt eine stetige Steigerung der Kapazität. Die effiziente Hersteller-Technologie ermöglicht die Verwendung bestimmter Module auch für zukünftige Hubschraubermodelle der amerikanischen Firma Bell.

Der erste Eindruck der Bell 427 überzeugt von der Mehrzweckfähigkeit und vorwiegend vom Einsatz auf Strecke. Auch die vielfache Anbringung von vertikalen Stabilisierungsflossen unterstreicht diese Philosophie. Diese Bell 427 gehört dem aus dem Kino bekannten L.A.P.D. Bild: Michael Mau

McDonnell Douglas MD 520 N

Der erste erfolgreiche NOTAR-Hubschrauber

48

Die MD 520 ist Abkömmling der Hughes 500, die durch eine Allison-Turbine betrieben und ein Verkaufsschlager wurde. Die Firma Hughes wurde von McDonnell Douglas übernommen. Die 500er setzte man als Mehrzweckhubschrauber zivil und militärisch ein. Hinsichtlich Geschwindigkeit, Zuladung und Reichweite war das Modell den Konkurrenzmustern zumindest ebenbürtig.

Ohne Heckrotor

Mit der 520 stieg man in die innovative NOTAR-Technik ein, die in den bisherigen zahlreichen Ausführungen kaum Akzeptanz fand. Typisch für dieses No-Tail-Rotor-System sind das Heckrohr mit den seitlichen Venturischlitzen und der drehbaren Endkappe zur Steuerung der Ausblaseöffnung. Die mit ihrem Rumpfvorderteil stark der Hughes 500 ähnelnde MD 520 N stellt die erste brauchbare Version eines »NOTAR«-

Der leichte Mehrzweckhubschrauber von McDonnell Douglas wird von einer Gasturbine des Typs Allison 250-C20 R-2 mit 375 Wellen-PS angetrieben. Bild: Jeff Evans

Die MDD 520 N ist einer der ersten Helikopter ohne Heckrotor, bekannt als NOTAR, die Reaktion der Richtungssteuerung ist erstaunlich agil. Bild: Michael Mau

Hubschraubers dar, der ohne Heckrotor auskommt: **No Ta**il **R**otor. Trotzdem wird der Drehmomentausgleich ebenfalls aero-dynamisch bewältigt. Ein Gebläse im Rumpfrücken drückt eine Luftmasse in den hohlen Heckausleger, die aus dessen Ende gezielt und über die Pedale gesteuerte Schlitze austritt und mit ihrem Rückstoß der Drehung entgegenwirkt. Außerdem wird aus weiteren seitlichen Längsschlitzen die Luft so gelenkt, dass sie zusammen mit dem abwärtsfließenden Hauptrotorstrahl eine Art Magnus-Effekt entwickelt und hierdurch dem Drehmoment entgegenwirkt. Auf dem Ende des Heckauslegers ist eine horizontale Stabilisierungsflosse angebracht, deren Enden vertikale Flossen abschließen. Eine davon ist mit einem beweglichen Ruder versehen.

Leiser und weniger anfällig

Vorteile dieser Technik sind deutliche Geräuschreduzierung und der Wegfall der Beschädigungsgefahr eines Heckrotors und dessen möglicher Ausfall. Bei der relativ kleinen Rotorkreisfläche von 54 Quadratmetern sorgen fünf Rotorblätter für die erforderliche Kreisflächendichte.

Kaman H-43 B »Huskie«

49

Feuerbekämpfung, Rettung und Sprühen

Der Erstflug einer »Huskie« fand im Dezember 1958 statt. Sie wurde zunächst von einem Pratt-&-Whitney-Sternmotor angetrieben, später wurde sie als Modell B mit Turbine Lycoming T-53 L-1A mit 825 WPS ausgestattet.

Die beiden ineinanderkämmenden Rotoren arbeiten nach dem System Flettner und ersetzen den Heckrotor. Die Zweiblattrotoren blasen schräg zueinander auf eine Fläche am Boden, die zu Rettungszwecken freigehalten wird, an Bord werden Feuerlöschmittel mitgeführt.

Die Rotoren werden durch an der Blatthinterkante befindliche Flettner-Ruder gesteuert. Die beiden Rotormaste ragen aus Pylonen auf dem kastenförmigen, abgerundeten Rumpf. Der doppelte Leitwerksträger hält mit der Horizontalflosse vierfache Vertikalflossen, das Turbinenabgasrohr endet darüber. Das Vierfachfahrwerk kann mit Kufen versehen werden.

In den 1990er-Jahren wurde die »Huskie« mit besonderer Vorliebe als Sprüh-Helikopter in der Schädlingsbekämpfung eingesetzt.

Die Rotorblätter sind teilweise aus Holz und werden durch die auffälligen Rudersegmente angesteuert. Die großen Vertikalflächen stabilisieren den Vorwärtsflug. Bild: Michael Mau

Die H-43 war in der Feuerbekämpfung und Rettung eingesetzt, dabei schwebte sie über dem Unfallort. Die Maschine wurde auch zu Sprühflügen herangezogen. Durch den Verzicht eines Ausgleichsrotors bei diesem System entfällt eine starke Lärmquelle. Bild: Kaman

85

Der groß dimensionierte hintere Aufbau der Vertol 107 wirkt wie eine vertikale Stabilisierungsfläche. Bild: Michael Mau

50

Boeing Vertol

Zivil und militärisch lange unverzichtbar

Das erste Modell der Vertol-Familie mit dem Tandemrotorsystem absolvierte seinen Jungfernflug 1958. Die Vertol 107 findet auch auf dem Zivilsektor Einsatz wie bei Lastflügen in unzugängliche Gebiete und für Versorgungsflüge von Offshore-Bohrinseln. Die U. S. Army entschied sich für die größere 114, die U. S. Navy setzt die 107 als CH-46 ein.

Gelungene Konstruktion

Die Konstruktion nutzt das Funktionsprinzip der gegenläufigen Tandemrotoren mit gleichzeitigem Drehmomentausgleich. Die höhenversetzten Dreiblattrotoren kämmen ineinander, der hintere sitzt auf einem höheren »Turm«. Sie sind über eine im Rumpfrücken verlaufende Welle verbunden. Beiderseits des hinteren Aufbaus sind die beiden Triebwerke montiert. Die seitlichen Wülste nehmen die Tanks auf. Die Rotorsteuerung ist mit der anderer Drehflügler identisch. Die kollektive Verstellung der Blätter nimmt man mit dem »Pitch« vor, die periodische Veränderung mit

Gegenüberliegende Seite: Zwei CH-46 beim Landeanflug. Bild: Boeing

dem Steuerknüppel und bei Drehungen über der Stelle werden die Rotorflächen gegensinnig geneigt. Fluglageänderungen sind immer Resultat der Größe und Richtung der Schubkomponente eines Rotors.

Die Vertol 114 und CH-47

Auch die größere Schwester der 107, die 114 »Chinook«, wurde vielen Änderungen unterworfen. Der Erstflug erfolgte 1961. Neben diversen Modifikationen der Zelle wurden noch stärkere Triebwerke verwendet. So können letztlich Außenlasten bis zu 12.000 Kilogramm befördert werden. In den Türmen sind die jeweiligen Getriebe für die synchron drehenden Rotoren untergebracht. Zwischen den Triebwerken münden im »Combining«-Getriebe deren Antriebswellen. Von hier verlaufen die Übertragungswellen zu den Rotorgetrieben.

Durch den Wegfall des Ausgleichsrotors ist dessen Leistung so dem Gesamtsystem verfügbar. Bedarfsweise können die seitlichen Behälterwülste entfernt werden, die bei der Langstreckenversion als große Außentanks dienen. Die zivile Version der 114 wird vorwiegend als Lasthubschrauber eingesetzt. Doch auch als Helfer mit großer Kapazität bei Evakuierungsmaßnahmen in Katastrophen sowie bei Versorgungsaufgaben im Rahmen der UN ist die »Chinook« im Einsatz.

Die Auslegung der Tandemrotoren schließt eine Berührungsgefahr im Ruhe- wie im Flugzustand aus, da sie höhengestaffelt sind und quasi ineinander kämmen. Bild: Boeing

Spektakulär: Eine typische militärische Aktion mit untergehängter Außenlast. Bild: Boeing

Mehrere Umbauten betrafen stärkere Triebwerke, Verstärkungen an der Zelle sowie Elastomer-Lager zur Vibrationsdämpfung.
Im zivilen Einsatz bewährt sich die CH-47 »Chinook« als BV 234 auch als Ambulanzhubschrauber und kann zwei Piloten plus zwei Pfleger für 24 Patienten aufnehmen, im Personenverkehr bis zu 45 Personen. Trotz äußerer Ähnlichkeit mit der 107 ist sie wesentlich größer und schwerer. Dabei hat sich ihr maximales Abfluggewicht seit ihrem Erstflug 1961 um etwa zehn Tonnen erhöht. Zum Vergleich: die 107 ist 13,9 Meter lang und 5,1 Meter hoch, die 114 hingegen 15,5 Meter lang und 5,7 Meter hoch.

Ein Multitalent

Die Boeing Vertol ist vielseitig einsetzbar, zum Beispiel auch bei der Forstarbeit, besonders in unwegsamem Gelände. Die geringere Empfindlichkeit gegenüber Schwerpunkt-Verlagerungen auch bei Innenlasten ist einer der Vorteile des Tandemrotor-Systems. Die große Heckklappe der Vertol ermöglicht die Beladung von Gütern mit fast Kabinenquerschnitt. Der groß dimensionierte hintere Aufbau wirkt wie eine vertikale Stabilisierungsfläche.

MBB Bo-105

51 Der legendäre Hubschrauber

Mit diesem Projekt aus dem Anfang der 1960er-Jahre wurde der erste leichte Zweiturbinen-Hubschrauber geschaffen. Der erste Prototyp hob im Februar 1967 zum Jungfernflug ab. In ihm war noch der Rotor einer Westland »Scout« verbaut. Der zweite Prototyp flog mit dem Starr-Rotor von Bölkow.

Die Bo-105 weist mehrere Besonderheiten im Drehflüglerbau auf. Die vier Hauptrotorblätter sind aus Kunststoff gefertigt und sind gelenklos an einem aus Titan hergestellten starren Rotorkopf angeschlossen, wobei pro Blatt jeweils nur ein Drehlager für die Blattverstellung dient. Der Hubschrauber ist dadurch sehr wendig und in entsprechender Konfiguration sogar für sämtliche Manöver des Kunstflugprogramms befähigt. Die 105 ist Gewinner der Akrobatik-Weltmeisterschaft für Hubschrauber.

Optisch hat sich die Grundform der 105 bis in die Gegenwart kaum verändert. Der Heckausleger erhielt einen horizontalen Stabilisator mit Endscheiben und das »Krokodilheck« eine aerodynamische Stolperkante zur Optimierung der Strömungsverhältnisse am Rumpf. Die beiden Triebwerke sind oberhalb der Kabine in der Rumpfkontur untergebracht, wodurch viel Raum gewonnen wurde. Der in kleinem Querschnitt gehaltene Heckausleger ist nach oben gekröpft und trägt am oberen Ende den halbstarren GFK-Heckrotor, bestehend aus zwei Blättern.

Gleichzeitig mit der geplanten Einführung eines neuen PAH (Panzerabwehrhubschrauber) bei der Bundeswehr sollte auch eine Anzahl der Alouette II damit ersetzt werden. So erreichte man mit VBH (Verbindungshubschrauber) und PAH eine logistisch vorteilhafte Typengleichheit. Die Bo-105 P wurde als

Blick ins Cockpit der Bo-105. Bild: Michael Mau

Die Bo-105 hat sich in Jahrzehnten kaum verändert, nur ihre Einsatzkonzepte. Bild: Michael Mau

leichter Hubschrauber mit zwei Gasturbinen entwickelt. Als PAH sind die beiden Vordersitze benutzt, die restliche Lastkapazität nutzt man für die Waffenladung. Der gelenklose Rotorkopf hält eine starre Verbindung zu den vier Rotorblättern, deren innere Bereiche aus flexiblen Kunststoffbarren bestehen. Diese geben soweit nach, wie es normalerweise von Schlag- und Schwenkgelenken erwartet wird. Es besteht nur ein Drehgelenk für die Blattwinkelsteuerung, dadurch erreichte man eine besondere Befähigung der Bo-105 für bodennahe Kampfeinsätze. Das starre Rotorsystem ermöglichte enorme Wendigkeit auch im tiefen Konturenflug ohne erforderliches Kurven zum Verbleib im positiven Beschleunigungsrahmen.

Auch über dem amerikanischen Kontinent hat sich die Bo-105 gegenüber ihren Klassenmustern stets behaupten können. Bild: Michael Mau

An seitlich angebrachten Trägern wurden sechs Lenkflugkörper mitgeführt. Die Waffenpalette war sehr umfangreich und umfasste je nach Export nationsspezifisch alles von MG bis Raketen unterschiedlicher Kaliber. Die Beobachtungsversion war mit dem »Giraffenhals«, dem System Osyris, ausgestattet, mit dem aus der Deckung heraus über Hindernisse hinweg fixiert wurde.

Neben den Großaufträgen für fliegende militärische Einheiten in verschiedenen Ländern wurde die Bo-105 auch in zivilen Varianten in der ganzen Welt eingesetzt. Ihr Spektrum umfasst Rettung, Ambulanzflüge, Offshore-Einsätze wie Ölplattformversorgung, Lotsenzubringer, Bergrettung, Polizei- und Patrouillenflüge. Die Bo-105 hatte sich bereits seit geraumer Zeit gerade im Einsatz beim Rettungsdienst und bei der Polizei bewährt.

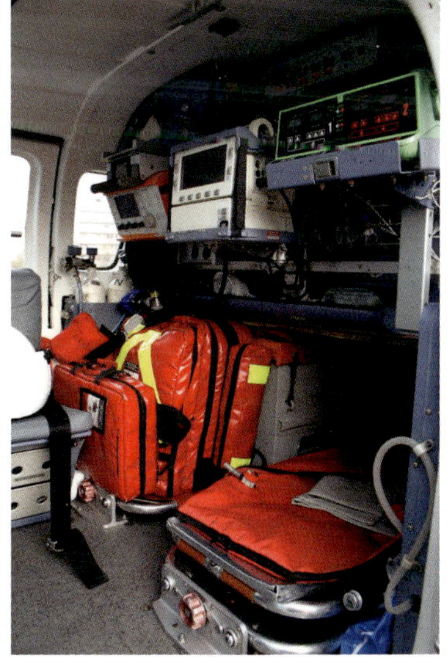

Die Ausstattung eines typischen Rettungshelikopters kann dem einer Mini-Klinik einnehmen.

Bilder: Michael Mau

Neben Schulung oder Ersteinweisung auf Turbinenhubschrauber findet die EC 120 auch in Gebirgseinsätzen Verwendung. Bild: Martino Albertalli/Eliticino

Die Reisegeschwindigkeit von 230 Stundenkilometern macht auch Zubringerdienste etwa zu Flughäfen möglich. Bild: Eurocopter

52

Eurocopter EC 120 Colibri

Ein schneller Flüsterer

Die elegante Erscheinung der Colibri erinnert sofort an die Gazelle. Diese Version ist eine Gemeinschaftsentwicklung nach neuesten Erkenntnissen der Hubschraubertechnik. Es wurden überwiegend Verbundwerkstoffe verwendet, der dreiblätterige Hauptrotor, dessen Blätter parabelförmig für bessere Aerodynamik enden, wird von einem Spheriflex-Rotorstern getragen. Auffallendes Charakteristikum ist der Heckausleger mit dem Fenestron mit acht unsymmetrischen Blättern. Vor der großdimensionierten Seitenflosse ragt beidseitig der horizontale Stabilizer.

Wie von anderen mit Fenestron ausgestatteten Maschinen gewohnt, verhält sich auch die EC 120 sehr geräuscharm. In der Autorotation beweist der Hauptrotor auch bei »schwindender« Drehzahl noch Reserve. Wie bei vielen Drehflüglern neuester Generation verkörpert die Colibri einen gelungenen Kompromiss aus Flugstabilität und Wendigkeit. Für Landungen auch in unwegsamem Gelände sorgt das einteilige Kufengestell.

Manche Einsatzarten werden aufgrund der Einmotorigkeit nicht möglich, da für Luftrettung und Krankentransportflüge in Europa zwei Triebwerke vorgeschrieben sind.

Eurocopter EC 135

Ein Allrounder aus Deutschland

53

Die EC 135 ist das Entwicklungsergebnis des frühen Technologie-Demonstrators Bo-108. So wurden Haupt- und Heckrotor vollkommen ohne jegliche Gelenke und aus Faserverbund-Werkstoffen hergestellt. Ihre Antriebskomponenten sind mit speziellen Vibrationsdämpfern versehen. Die Zellenstruktur besteht aus Kunststoff. Der Heckausleger beinhaltet den Fenestron-Ausgleichsrotor.

Der Hauptrotor weist keinerlei Lager mehr auf. Zur Verstellung der vier Blätter werden im Bereich der Blattwurzeln elastische Drallelemente verformt, die in eine ärmelähnliche Struktur übergehen. Die Steuerimpulse werden über die übliche Taumelscheibe und Stoßstangen an die tütenförmigen äußeren Blattwurzeln übertragen. Die verschiedenen optionellen Triebwerke sind aerodynamisch günstig im Rumpfstrak untergebracht. Da der Hauptrotor wie bei den MBB-Modellen gegen den Uhrzeigersinn dreht, ist der großflächige Vertikalfin wie beide an der Horizontalflosse

Bei Erscheinen der EC 130 nimmt man auf den ersten Blick eine EC 120 an. Sie ist von der AS 350 B abgeleitet, ist aber eine Neukonstruktion. Bild: Eurocopter

Der Fenestron-Ausgleichsrotor sorgt für besondere Geräuscharmut. So heißt der von der Seitenflosse ummantelte Fan. Bild: Michael Mau

sitzenden Endscheiben nach rechts ausgestellt, um den Fan bei Vorwärtsfahrt zu entlasten. Beide angebotenen Triebwerkstypen sind mit FADEC ausgestattet und bedeuten eine große Entlastung für Piloten und Betriebssicherheit für das Aggregat. Der ummantelte Heckrotor ist hoch effizient, sehr leise und weniger verletzlich.

Neben dem Einsatz für Polizeiaufgaben bewährt sich die 135 besonders auch im Search-and-Rescue-Bereich als »Flying Intensive Care Station«. Eine Aufnahme des Patienten durch eine Winde mit 90-Meter-Seil ist möglich. Für »Off shore«-Einsätze kann die EC 135 mit aufblasbaren Notschwimmern bestückt werden.

Der Kunststoff-Hauptrotor dreht hier gegen den Uhrzeigersinn. Bild: Eurocopter

Bedingt durch den tief angesetzten Heckrotor entstand die typische schräge Fluglage der Alouette II. Bild: Eurocopter

54 Lerche und Lama

SA SE-3130 Alouette II und SA 315 Lama

Der Prototyp flog erstmals 1955 mit einem 200 PS leistenden Kolbentriebwerk. Nach dem Einbau der 360 PS starken Artouste wurde die Serie in viele Länder zu verschiedenen Einsätzen exportiert. Die Hauptbaugruppen wurden kaum verändert. Charakteristisch für die Alouette (Lerche) ist das Stahlrohrgerüst. Das Mittelteil nimmt den Tank auf und trägt Turbine, Hauptgetriebe und Rohrmast, der den Dreiblattrotor mit seinen bekannten langen Blattgriffen und den Stahlkabeln im Uhrzeigersinn dreht. Der Stahlrohrheckausleger trägt keine vertikale, sondern nur horizontale Flosse. Der Zweiblattheckrotor wird durch einen stabilen Bügel geschützt. Die ausgerundete Kabine bietet Vollsicht bis Fußbodenhöhe.

Blick ins Innere

Der Instrumentenpilz steht vor und zwischen den beiden Vordersitzen. Hinter dem Tank vermeiden Verkleidungsbleche stärkere Leewirbel. Die Sensibilität der Steuerung durch Hydraulikunterstützung erforderte Einfühlung. Der den gängigen amerikanischen Typen entgegengesetzte

Spektakulärer Einsatz der LAMA mit einer unten angehängten Säge. Bild: Archiv Michael Mau

Drehsinn des Rotors bedeutete eine kurze Umgewöhnungsphase. Die Al-II war ein ideales Einstiegsmuster auf Turbinenhubschrauber.

SA 315 B Lama

Der erste Entwurf der SA 315 B Lama datiert von 1968. Sie wurde als typisches Arbeitstier berühmt und wird für Transporte, besonders von Außenlasten, speziell in höheren Regionen, eingesetzt. Die Lama stellt die große Schwester der Al-II dar. Sie flog im März 1969 erstmals und stellte im Juni 1972 mit 12.440 Metern (!) einen Höhenweltrekord für Hubschrauber auf. In einigen Ländern wurde sie in Lizenz gebaut. Der Hubschrauber wurde insgesamt vergrößert, die Rotorkreisfläche um 13,66 Quadratmeter. Das Fluggerät ist äußerst wendig und robust, die wartungstechnische Zugänglichkeit ist nahezu hindernisfrei.

55 Von Aérospatiale entwickelt

Eurocopter SA 316 / 319 Alouette III

Die Alouette III beeindruckte bei ihrem Erscheinen in den 1950er-Jahren als Siebensitzer durch ihre relativ kleinen Dimensionen. Diese sind fast vergleichbar mit denen der Lama. Sie wurde außer der militärischen

Aufgrund der großen Leistungsreserve, hervorragender Steuerbarkeit und Stabilität interessierten sich auch die Streitkräfte für das Muster. Bild: Eurocopter

Die sphärisch gewölbte Cockpitverglasung der Alouette III erlaubt gute Rundumsicht – besonders nützlich während Sucheinsätzen. Bild: Michael Mau

Verwendung für Einsätze im Rettungsdienst, für Pilotenausbildung und vorwiegend Außenlasttransporte vorgesehen. Lizenzverträge gingen an Indien, Rumänien und an die Schweiz. Die Alouette III wurde in den Alpenländern aufgrund der guten Höhenleistungen bevorzugt.

Gelungene Konstruktion

Die dynamischen Komponenten der Alouette III sind von den Vorgängern übernommen worden. Der Dreiblattrotor ist voll gelenkig, die Blattgeometrie ist rechteckig, der Heckrotor weist ebenfalls drei Blätter auf. Das Mittelstück des Rumpfes besteht aus einem Stahlrohrgerüst, welches die zentrale Verkleidung und vorne die Kabine trägt. Die seitlichen Schiebetüren passen sich der Rundung der Kabine an und erlauben die Ladung auch sperriger Lasten.

Auf dem Rumpfrücken sitzt unverkleidet das Triebwerk. Die Rumpfmitte geht strömungsgünstig in den Heckausleger über, der in Halbschalenbauweise hergestellt ist. Vor dem Heckrotor sorgt die horizontale Flosse mit Endscheiben für Längs- und Richtungsstabilität bei Vorwärtsfahrt.

Das abgestrebte Radfahrwerk kann auch mit Kufen versehen werden, das nachlaufende Bugrad ist unter dem Cockpit fixiert.

Eurocopter Dauphin

SA 360 und AS 365

56

Die Prototypen der Dauphin flogen erstmals im Juni 1972 bzw. im Januar 1973. Die erste Serienmaschine wurde 1975 ausgeliefert. Der einmotorige Hubschrauber, der zunächst mit einer Turbomeca Astazou XVIIIA-Turbine mit 1.050 WPS flog, war als Nachfolger der Alouette III vorgesehen. Für den Hauptrotor wurden GFK-Blätter verwendet. Auffallend ist der 13-blättrige Fenestron. Dieser Heckrotor ist in der sehr großen Heckflosse eingelassen und macht seine Herkunft von der SA 341/342 Gazelle deutlich. Die SA 360 ist noch mit einem starren Fahrwerk ausgestattet. Die untere Kante des Heckfins nimmt das Spornrad auf. Die vor dem Fenestron angebrachte horizontale Stabilisierungsflosse trägt jeweils seitliche Fins zur Beruhigung des Vorwärtsfluges.

Obwohl die SA 360 drei Geschwindigkeitsweltrekorde (u. a. 312 km/h über die Drei-Kilometer-Strecke) flog und dabei eine dem Gewicht von

AS-365N Dauphin 2 der isländischen Küstenwache. Bild: Eurocopter

Die Dauphin ist von »Kopf bis Fuß« auf die Rettung eingestellt. Bild: Eurocopter

acht Personen entsprechende Zuladung trug, bot sich kein größerer Markt für den einturbinigen Hubschrauber dieser Größe. Auch auf dem militärischen Sektor blieb die SA 360 in dieser Ausführung chancenlos. So wurde dieses Programm zugunsten einer zweimotorigen Version eingestellt.

Eurocopter AS 365 Dauphin 2

Eine wesentlich erfolgreichere und zugleich elegantere Erscheinung verkörpert die zweiturbinige Version AS 365 Dauphin 2. Diese hob im Januar 1975 zum Jungfernflug ab. Der Rumpfbug wurde leicht zugespitzt, die Frontverglasung wurde teilweise reduziert. Die Dauphin 2 erhielt ein einziehbares Bugradfahrwerk.

Die spätere und noch erfolgreichere AS 365 N bekam fast vollständig überarbeitete oder neue Komponenten, drei Viertel aus Kunststoff. Im Entwurf des Rotorkopfes wurde die Starflex-Technik angewandt.

Die AS 365 Dauphin 2 wird als Firmenhelikopter, VIP-Transporter und Reisehubschrauber eingesetzt. Sie fliegt als SAR-Version bei der U. S. Coast Guard, als Lizenzversion in China. Die Militärversion »Panther« stellte Steigzeit-Weltrekorde mit knapp drei Minuten in 3.000 Meter Höhe auf. Eine Experimentalversion erreichte eine Höchstgeschwindigkeit von 370 km/h.

Militärhubschrauber NH 90

57

Vier Länder sind beteiligt

Dieser mittelschwere Transporthubschrauber wurde von vornherein für den militärischen Einsatz konzipiert und hat bereits ein breites Verwendungs-Spektrum nachgewiesen. Die NH 90 ist als Vorläufer noch moderner Hubschrauber avisiert. Der Entwurf zielte neben mitteleuropäischem Klima auch extreme Verhältnisse an. Die Struktur besteht aus Verbundwerkstoffen und die Modulbauweise erleichtert die Anpassung an nationale Einsatzeigenarten. Die maritime Verwendung erfordert besonderen Korrosionsschutz und der Einsatz in Wüstengebieten mit hohen Temperaturen verlangt Erosionsschutz gegen Sand sowie stärkere Flugleistung. Der Wunsch nach Allwettertauglichkeit schließt auch die Verwendbarkeit in Schnee und Eis ein. Die NH 90 ist für Truppentransporte sowie für typische Marinemissionen und Combat Search and Rescue (CSAR) vorgesehen. Die NH 90 kann mit zwei Piloten 20 Soldaten bei 300 Stundenkilometern bis 900 Kilometer weit befördern, im Rettungseinsatz mit zwölf Tragen.

Der Vierblattrotor ist faltbar, das Heck beiklappbar. Die Marineversion verfügt über zwei Schwimmer. Die Kabine verläuft mit sechseckigem Querschnitt vom Bug aus entlang der »Gürtellinie«, dadurch wird die Radarrückstrahlung beeinflusst. Das Hauptfahrwerk wird in seitliche »Tropfen« eingezogen. Die Kabine misst 15,5, die schwedische Variante aufgrund ihrer höheren Kabine 17,9 Kubikmeter. Bewaffnet wird sie mit Kanonenbehälter und in Seitentüren schwenkbare MG sowie Seeziel-Flugkörper. Die Bordavionik kann variantenbedingt umfassen: taktisches RADAR, Sonar und weitere Sensoren, FLIR, Düppel-Ausstoß-System; Anti-Infrarotfackeln und Sonarbojen.

Die NH 90 ist ein NATO-Projekt. Bilder: Eurocopter (oben) – Rony Wenske (unten)

Airbus Helicopters X³

58

Ziel: hohe Reisegeschwindigkeit

Die Aufgabe, die Eigenschaften des Hubschraubers mit denen eines Flächenflugzeugs zu vereinen, ist bisher nur teilweise gelungen. Dadurch treten die einzelnen Momente und Kräfte in Kombination auf. Bei der Eurocopter bzw. nach der Umbenennung Airbus Helicopters X³ sind einige Baugruppen von bereits existierenden Luftfahrzeugen integriert. Diese bestehen aus dem Rumpf der Eurocopter AS-365, auf dem Kabinenrücken dreht der Fünfblattrotor der EC-155 und das Hauptgetriebe stammt von der EC-175. Den Antrieb liefern zwei Rolls-Royce Turbomeca-Turbinen mit je 2.085 WPS. In den Flügeln lagern die Verbindungswellen vom Getriebe zu den Fünfblattpropellern. Ein Heckrotor ist überflüssig, da das Drehmoment durch die Verstell-Luftschrauben kompensiert wird und Gierung um die Hochachse durch unterschiedliche Propellerschübe erfolgt. Die Kontrolle im Hubschraubermodus erfolgt auf die herkömmliche Weise. Im Schnellflug dienen ein Höhen- und ein doppeltes Seitenleitwerk der Stabilisierung. Dabei unterstützen die Flügel den Hauptrotor und die Propeller den Vortrieb mit fast 90 Prozent. Das Einsatzspektrum sieht SAR, Shuttleflüge und Offshore-Transporte vor. Dieser Flugzeug-Hubschrauber-Hybrid vereint senkrechte Start- und Landeeigenschaften mit hohen Reisefluggeschwindigkeiten.

2013 stellte die X³ mit 472,3 km/h den Geschwindigkeitsweltrekord auf. Bild: Julian Herzog CC4.0

Trotz ihres Reiseflug-Images hat die A-109 auch einen festen Platz im Verwendungsspektrum der Mehrzweckhubschrauber. Bild: Agusta

59

Agusta A-109

Italienisches Design

Der VIP-Hubschrauber bietet bei umfangreichem Aufwand wenig Bestuhlung. Bild: Martino Albertalli/Eliticino

Mit diesem Muster, dessen Erstflug im Februar 1995 erfolgte, wurde konsequent die aerodynamisch ideale Formgebung auch für Hubschrauber verfolgt. Diese Linienführung basiert auf den Erkenntnissen der Flächenflugzeuge und gestaltet besonders im Reiseflug den Rumpf widerstandsarm. Dieser Vorteil wird unterstützt durch das einziehbare Bugradfahrwerk. Für Einsätze auf Schneeflächen kann die A-109 mit Schneekufen ausgestattet werden. Der Sicherheitsfaktor wird verstärkt durch die Installation von zwei Turbinen. Wahlweise gelangt die PW 206 oder die Arrius zum Einbau.

Der vierblätterige Hauptrotor ist in Kunststoffbauweise hergestellt, der gelenkige Rotorkopf mit Titanring und Elastomeric-Lagern ermöglicht ein

Die Versionen der A-109: »MAX«, »K22«, die hier abgebildete«Power« und »Elite« sind Nachfolger der erstmals 1971 geflogenen A-109 Hirundo.

Bild: Agusta

vibrationsfreies Flugverhalten bei einem außergewöhnlichem Steuerungsvermögen.

Der Rumpf nimmt total acht Personen inklusive Piloten auf. Die Passagierkabine bietet zwei Dreiersitze gegenüber angeordnet. Das Cockpit ist präzise nach ergonomischen Prinzipien eingerichtet. Sämtliche Fenster sind im Rumpfstrak integriert und nicht zu öffnen, dafür sorgt ein Environment Control System (ECS) für klimatischen Komfort. Flug- und Triebwerksüberwachung sowie Navigationsgeräte sind überwiegend auf LCD ausgelegt. Auch Wetterradar und Ground Proximity Warning sowie Warnsystem TCAS finden Anwendung. Zur Auswahl stehen bis zu fünf interne Kraftstoffzellen, die maximale Flugdauer beträgt 4 Stunden 20 Minuten.

Blick ins Cockpit der Agusta A-109. Bild: Agusta

Die Agusta A-109 ist auch ein Hubschrauber der Reichen und Schönen. Bild: Martino Albertalli/Eliticino

Kamov Ka-62 und Ka-60

Langer Blick in die Zukunft

60

Der Militärhubschrauber Ka-60 flog erstmals im Dezember 1998, das zweite Exemplar gar erst 2007. Seine zivile Version Ka-62 wurde 2016 vorgestellt. Etwa die Hälfte der Strukturmaterialien besteht aus Composite-Werkstoffen. Die Rotorblätter sind ebenfalls aus Kunststoffen gefertigt. Während der Prototyp mit vierblätterigem Rotor eingeflogen wurde, sollen zukünftige Serienmuster mit fünf Blättern ausgestattet werden – die Serienfertigung ist bis dato noch nicht begonnen.

Westliche Vorbilder

Die Blattenden sind zur Verminderung von Unterschall-Erscheinungen bei hoher Blattspitzengeschwindigkeit gepfeilt. Der Drehmomentausgleich des nicht Kamov-typischen Einzelhauptrotors erfolgt durch einen Fenestron innerhalb der Seitenflosse. Am horizontalen Stabilisator

Die Ka-62 fällt durch ihre Ähnlichkeit mit der EC 155 auf, ist jedoch schwerer. Bild: Michael Mau

Bei der Militärversion Ka-60 sitzt die Höhenflosse auf dem Vertikalfin, um bei Aktivierung der Außenwaffen wie Raketen geschützt zu sein. Bild: Kamov

sind zwei vertikale »Endscheiben« angebracht, die zwecks Entlastung des Fans bei Vorwärtsfahrt wie die Seitenflosse entsprechend profiliert sind. Besonders beim Heckdesign gleicht die KA-62 der EC-155. Das einziehbare Dreibeinfahrwerk weist eine zwillingsbereifte Spornradkomponente auf.

Die Pilotenkabine bietet durch großflächige Verglasung hervorragende Sichtverhältnisse. Die Passagierkabine ist durch Schiebetüren für Frachtflüge und Sanitätseinsätze gut zugänglich.

Der Rumpf dieses Helikopters macht trotz seines geringen Dickenverhältnisses einen aerodynamisch günstigen Eindruck.

Fenestron der Ka-60. Bild: Rony Wenske

Sikorsky S-58

61

Langlebiges Modell

Der speziell für militärische Zwecke entwickelte, anfangs H-34 genannte Helikopter flog erstmals im März 1954. Er wurde in großen Stückzahlen gebaut und aufgrund seiner Robustheit und Zuverlässigkeit gerne geflogen. In der Folge wurde er auch von vielen kommerziellen Haltern eingesetzt.

Die S-58 wurde in typischer Flugzeugbaumanier in Ganzmetall-Schalenbauweise hergestellt. Der aufklappbare Bug birgt einen vorwärts geneigten Sternmotor mit fast 30 Litern Hubraum. Die Antriebswelle verläuft schräg zwischen den Pilotensitzen zum Hauptgetriebe, das den voll gelenkigen Vierblattrotor trägt. Die Hohlräume der Blattprofile sind mit Stickstoff gefüllt, so dass nach der »BIM« Haarrisse frühzeitig angezeigt werden. Das übermäßige Durchhängen der Rotorblätter bei geringer Drehzahl wird durch Schlagbegrenzer verhindert. Der Rumpf verjüngt hinter der Kabine etwa hochoval und geht hinter dem Spornrad in einen vertikalen, gepfeilten Pylon über. Im oberen Verkleidungstropfen wirkt das Um-

Die altbewährte Sikorsky S-58 CH-34 operierte auch bei der U. S. Navy mit einem einzelnen 1.525 PS starken Sternmotor über Wasser. Bild: Sikorsky

Ab 1972 wurde bei Sikorsky die S-58 mit einer Pratt & Whitney Twin-Pack-Turbine PT6T-3 mit 1.875 WPS ausgestattet. Bild: Michael Mau

lenkgetriebe für den Vierblatt-Heckrotor mit Schlaggelenken. Im Rumpfknick sitzt der starre horizontale Stabilizer.

Das Innere der S-58

Unterhalb der beiden Pilotensitze dehnt sich die Kabine aus und bietet bis zu zwölf Personen Platz. Die ausklappbare Treppe erleichtert Ein- und Ausstieg, darüber war die für SAR-Einsätze gedachte Seilwinde. Unter dem Rumpf kann ein Außenlastgeschirr bis zu 2.270 Kilogramm belastet werden. Der Kabinenboden fasst in drei Zellen 1.000 Liter.

Der Rumpf ist hinter dem Spornrad beiklappbar und die Rotorblätter können an den Gelenken gefaltet werden. Die beiden Räder des Hauptfahrwerks wurden bei der späteren G III mittels V-Strebe geführt. Diese Variante war IFR-ausgestattet, die Fluglage konnte durch ein ASE-Element stabilisiert werden (Automatic Stabilization Equipment) und die Piloten entlasten.

Die von Westland in Lizenz gebauten H-34 wurden auch mit einer Rolls-Royce »Twin-Pack«-Turbine ausgerüstet. Bekannt sind die verschiedenen Anordnungen der Aggregate und die damit verbundenen Probleme der Luftzuführungen im Bugbereich der »Wessex«.

Sikorsky S-64

62

Schwere Last mit viel Kraft

Sie ist auch als »Skycrane« bekannt. Ihre Grundstruktur zeichnete die Idee eines reinen Lasthubschraubers vor. Aus Gründen der spartanischen Bauweise besteht der Rumpf aus einem Längsträger mit aufgesetztem Hauptgetriebe und mit zwei Gasturbinen. Die seitlich weit ausladenden Fahrwerkstreben geben Raum für einen untermontierten Lastbehälter. Der Rumpfvorderteil mit Bugrad ist abgesenkt und ist mit einem gegen die Flugrichtung zeigenden Cockpit für den Operator bei Ladeaktionen ausgestattet.

Der Sechsblattrotor durchmisst 21 Meter. Die beiden Pratt-&-Whitney-Turbinen leisten je 4.800 WPS und das maximale Abfluggewicht liegt bei 19.350 Kilogramm. Die Höchstgeschwindigkeit von 204 km/h und die relativ kurze Reichweite weisen auf die reine Zweckmäßigkeit des Himmelskrans hin. Sein öffentliches Erscheinen steht im Zusammenhang mit Löscharbeiten. In ihrer Frühgeschichte war die S-64 für schwere und sperrige Bauteile, für den Transport in unzugängliche Gebiete und für militärische Belange als flexibler Träger von Kabinen konzipiert. 1971 wurde die damalige Rekordhöhe von 11.000 Metern erreicht.

Die ungewöhnlich aussehende Sikorsky S-64 ist nach Zweckmäßigkeit konzipiert. Bild: M. Mau

Schweizer 300/Hughes 269

63

Eine Frage der Verbindung

Die Hughes 269 flog als Zweisitzer erstmals im Oktober 1956. Damals trieb ein 180 PS Lycoming die ersten Exemplare an. Bis 1970 blieben fast 800 als TH-55 bezeichnete Schulhubschrauber in der U. S. Army im Einsatz. 1964 wurde die dreisitzige Version Hughes 300 angeboten, die dann 1969 durch die bekannten Hughes 300 C abgelöst wurde. Mit einem stärkeren Triebwerk und vergrößertem Durchmesser des Haupt- sowie des Heckrotors konnte die Nutzlast erhöht werden.

Bei der 300 CQ (Quiet Tail Rotor) konnte der Lärm des Heckrotors beträchtlich gemindert werden. Die H 300 C wurde in Italien und in Japan in Lizenz gebaut. Mit der Übernahme von Hughes durch McDonnell Douglas begann die Agriculture Aircraft-Firma Schweizer die Produktion des Typs 300.

Die Schweizer 300 ist eine modernisierte Hughes 269. Bild: Schweizer

Sehr gutes Handling

Wenn auch während des Lebenslaufes der H 300 mehrere Details geändert wurden, so bleibt dennoch die sehr einfache und klare Struktur der Hughes dominant. Dieser Entwurf ermöglicht unkomplizierten Wartungszugang und einfaches Handling – nicht nur am Boden. In der Luft ist die 300 C eine würdige Nachfolgerin der berühmten Bell-47 als Schulhelikopter. Besonders in der Anfängerschulung vermittelt das Gerät die Besonderheiten des Drehflüglers und zeigt erstaunliche Toleranz gegenüber typischen Anfangsfehlern. Die ausgewogene Bedienbarkeit sämtlicher Steuerorgane bildet eine gute Voraussetzung für die Weiterschulung auf anderen Mustern.

Den »Kern« der 300 bildet ein Stahlrohrgerippe, auf dem die Kabine aufsitzt, deren sphärische Form gute Sicht erlaubt. Ein mehrfach verstrebtes Alurohr nimmt die Heckrotorwelle auf und trägt den aufragenden fast horizontalen Stabilisator und darunter die Vertikalflosse.

Robinson R-22

64

Auffallend spartanische Konstruktion

Seit seinem Erstflug im September 1975 ist der kleine Zweisitzer aus der heutigen Hubschrauber-Fliegerei nicht mehr wegzudenken. Seine wirklich sehr einfache Konstruktion verbunden mit geringen Unterhaltskosten kam zunächst hauptsächlich auf dem amerikanischen Markt an. Während der Verkauf der ersten tausend R-22 fast zehn Jahre dauerte, wurden die folgenden tausend Exemplare in bloß zwei Jahren vermarktet.

Die R-22 hat sich ein Image als Drehflügler für »fliegende Cowboys« erworben, da sie auch zum Viehtrieb verwendet wird. Die Version »Beta« kann mit Schwimmern ausgestattet werden. Beta II verfügt über ein Dutzend Prozent mehr Leistung in großer Höhe. Die R-22 besteht aus einem geschweißten Stahlrohrgerüst, das die GFK-Kabine trägt. Auch der luftgekühlte Boxermotor befindet sich im Rumpfstrak wie das darüber sitzende Hauptgetriebe. Keilriemen treiben die Heckrotorwelle an, die im konischen Alurohr bis zum Heckrotor gelagert ist. Den hinteren Abschluss bilden eine vertikale und eine kurze horizontale starre Stabilisierungsflosse.

Die Verglasung besteht aus zwei sphärisch gewölbten Frontscheiben, die für hervorragende Sicht sorgen. Die seitlichen Türflächen sind bis zur Gürtellinie verglast. Bild: Michael Mau

65

MK 3

Der erste Dieselhubschrauber der Welt

Die MK 3 hat ein Gewicht von nur 700 Kilogramm.

Bild: Ch. Scheunemann

Das deutsche Unternehmen MK Helicopter hatte 2006 im Trend des Bedarfs an leichten und kolbenmotorgetriebenen Hubschraubern einen Dreisitzer unter 1.200 Kilogramm Abfluggewicht geschaffen. Die Betriebskosten sollten auf Jet-Fuel-Basis gesenkt bleiben. Beim Rumpf und den Hauptrotorblättern wurde Composite-Bauweise angewandt. Das Rumpfmittelstück bildet ein Rohrrahmen, der das Triebwerk aufnimmt. Darüber sitzen Metallsegmente zur Abstützung des Hauptgetriebes. Der Rumpf umschließt sämtliche Komponenten in konsequent aerodynamisch sauberer Form, diese wird auch durch die abgeflachte, runde Vollsichtverglasung des Cockpits unterstrichen. Hier war optional auch eine LCD-Instrumentierung geplant. Ebenso sollte durch FADEC (Motormanagement) die sogenannte Einhebelbedienung ermöglicht werden.

Am Zweiblattrotor fallen die beiden kräftigen Blattgriffe auf. Gegenüber dem Zweiblatt-Heckrotor sind eine gepfeilte Seitenflosse sowie die waagerechte Flosse angeschlossen.

Das Landegestell besteht aus zwei geschwungenen Querholmen und Kufen. Der MK 3 ist der erste Hubschrauber mit Dieselantrieb, einem Vierzylinder-Dieselmotor SR 305 mit 230 PS. Der große Verkaufserfolg blieb allerdings aus, die Firma wurde 2022 aufgelöst.

Der größte Hubschrauber

Keine Serienfertigung

66

Der »side by side«-Hubschrauber Mi-12 gilt seit seinem Erstflug 1969 als der größte Drehflügler, der je in die Luft kam. Die wenige Meter ineinanderkämmenden Rotoren messen einen Durchmesser von je 35 Metern. Sie drehen entgegengesetzt und gleichen das Drehmoment aus. Die vier Gasturbinen sind paarweise an Auslegern montiert, welche in Schulterdeckerart abgestrebt sind und sich zum Rumpf hin verjüngen. In den beiden hohlen Streben laufen die Antriebswellen im Hauptgetriebe zusammen und synchronisieren, sodass bei Antriebsstörungen die Rotoren in konstanter Drehzahl weiterdrehen. In Rumpfnähe ist das dreifache Zwillings-Fahrwerk positioniert. Die Ausleger zeigen Tragflächenform mit Landeklappen. Am Rumpfende schließt ein konventionelles Leitwerk mit Endscheiben an der Höhenflosse ab. Die Turbinen leisten je 6.500 WPS und ermöglichen eine Höchstgeschwindigkeit von 260 km/h sowie eine Reichweite von 500 Kilometern. Das maximale Abfluggewicht beträgt 105.000 Kilogramm, die Dienstgipfelhöhe 3.500 Meter. Bei der Rumpflänge von 37 Metern bietet der Transporter einen Laderaum von rund 350 Kubikmetern.

Die Nutzlast bei Senkrechtstart (VTOL) beträgt 25 Tonnen, als Kurzstarter (STOL) 30 Tonnen. Letzteres bedeutet Rollstart bis zum Eintritt des Übergangsauftriebs mit anschließendem Abheben. Zu beachten ist die Belastung des Fahrwerks wie auch die gewaltige Dimension der Rotoren. Die beiden Fünfblattrotoren sind in ziemlicher Rechteckform aus Metall gefertigt. Die Rotorkreisflächenbelastung erreicht maximal 55 kg pro Quadratmeter. Aufgrund einiger unbewältigter technischen Probleme wurde die Mi-12 nie in Serie gefertigt.

Der größte je gebaute Hubschrauber Mil Mi-12. Bild:er: Michael Mau (oben) – Mil (unten)

Größter Serienhelikopter Mi-26

Ein Gigant mit vielen Aufgaben

67

Die gigantischen Ausmaße der Mi-26 erfordern einen sehr hohen konstruktiven Aufwand. Titanrotorkopf und Hauptgetriebe wiegen zusammen etwa 6,5 Tonnen, die im Stand von der Rumpfschale getragen werden müssen. Im Flug hängt das Zellengewicht mit Last an einer einzigen Rotorwelle. Das Kabinenvolumen eignet sich für den Einsatz zu Versorgungsflügen wie für Katastrophenhilfe in unzugänglichen Gebieten.

Eindrucksvolle Zahlen

In dem 15 Meter langen Frachtraum tragen zwei Laufkräne je 2,5 Tonnen. Die acht etwa 15 Meter langen Rotorblätter müssen im Stand oder bei niedriger Drehzahl abwärts begrenzt werden, um Berührungsunfälle zu vermeiden. Die Reichweite beträgt 800 Kilometer. Da die Schwebehöhe im Bodeneffekt auch über der Sauerstoffgrenze liegen kann, ist der Besatzungsraum druckbelüftet. Die Zuladung liegt mit fünf Besatzungs-

Ein Schwergewicht, das in jeder Hinsicht Eindruck hinterlässt. Bild: Michael Mau

mitgliedern bei 70 bis 100 Passagieren oder 20 Tonnen Last.

Der Durchmesser des Hauptrotors beträgt 32 Meter, jener des Fünfblattheckrotors hat den eines Kleinhubschrauber-Hauptrotors. Die Mi-26 ist der erste Hubschrauber der Welt mit einem Acht-Blatt-Rotor. Die Anti-Icing-Anlage für Frontscheiben und Triebwerklufteinlässe hält auch die Rotorblätter eisfrei. Der Hubschrauber ist also auch für extreme Klimazonen prädestiniert. Trotz der enormen Kapazität der monströsen Mi-26 wurden Anforderungen nach einer Erhöhung der Fähigkeiten laut. Da die Herkunft der Mi-26 von der Mi-6 rührt, beschritt man den Konstruktionsweg, der sich mit dem Bau der riesigen Mi-26 als richtig erwiesen hatte.

Ganz oben: Das maximale Abfluggewicht der Mil Mi-26 beträgt 56 Tonnen, das Leergewicht 28 Tonnen.

Oben: Blick ins Cockpit der Mi-26.

Bilder: Archiv Michael Mau

68 Schwebeflug

Schwieriges Flugmanöver

Der Schwebe- oder Hoverflug ist eigentlich das schwierigste Flugmanöver mit dem Hubschrauber. Es wird Präzision verlangt und diese ergibt sich aus Konzentration, Koordination der Steuer, Feinmotorik und Ausdauer. Die Dosierung der Steuerausschläge muss angepasst sein und grobe Bewegungen müssen vermieden werden, um über einem Punkt schwebend stehen bleiben oder sich gemächlich in beliebige Richtung zu bewegen. Mit dem Pitch kontrolliert man die Höhe, zunächst im Training typenabhängig rund einen Meter über Grund. Der Gasdrehgriff beansprucht gegebenenfalls Aufmerksamkeit. Mit der zyklischen Steuerung bestimmt man außer der Fluglage die Position. Bereits die geringste Neigung der Rotorkreisfläche initiiert die Tendenz in diese Richtung. Deshalb erfordert die periodische Steuerung mit dem Zentralknüppel feinste Dosierung. Hier spielt auch die Gängigkeit eine feste Rolle und die Einstellung einer elektrisch betriebenen Trimmung – einer »Force trim«. Die Pedalsteuerung des Heckrotors soll die Richtung stabilisieren, denn wo der Hauptrotor »hinzeigt« , dahin wird der Hubschrauber auswandern. Also wird auch der Heckrotor über der vorigen Position gehalten. Der Blick wird anfangs vor den Hubschrauber fokussiert, denn dort finden sich die naheliegenden Referenzpunkte zu Orientierung. Vorwärts- und Rückwärtstrend sind hier am schnellsten erkennbar. Doch auch jede unbemerkte Höhenänderung zeichnet sich in dem Blickwinkel ab. So kann sich eine leichte Pendelbewegung als Schaukeln um die Querachse darstellen und zur Fehlinterpretation führen.

Deshalb ist es ratsam, zuerst den Horizont als Referenz für die Fluglage zu nutzen und daraus Korrekturen zu unternehmen.

Bis zur Beherrschung des stationären Schwebefluges bedarf es vieler Mühen. Bild: Helmut Mauch

Vorwärtsflug

69

Auch eine Frage der Geschwindigkeit

Mit dem Schwebeflug wurde eine vom Hubschrauber beherrschte Phase überstanden. Nachdem auch das Problem der Steuerbarkeit gelöst worden war, traute man sich auch zunehmend an Flugzustände mit mehr Bewegung heran, wie zum Beispiel an die Vorwärtsfahrt. Dieser Begriff steht deshalb oft im Vordergrund, weil der Hubschrauber auch bis zu einer bestimmten Geschwindigkeit rückwärts fliegen kann. Die vorwärtige Fahrt ist durch einfach darzustellende Aerodynamik begrenzt. Wie schon erwähnt »teilt« sich das aerodynamische Geschehen der Rotorfläche grob in zwei Hälften: die Vorwärts laufende und die Rücklaufende. Am vorlaufenden Blatt addiert sich die Anströmung aus der Vorwärtsfahrt und am rücklaufenden Blatt subtrahiert man diesen Wert. Während das Vorlaufende einen deutlichen Auftriebszuwachs gewinnt, erfährt das Rücklaufende eine entsprechende Abnahme. Durch die Schlaggelenke werden diese Auswanderungen weitgehend kompensiert.

Während des Vorwärtsfluges stabilisieren alle Flossen und der Rumpf verhält sich in günstigster Anströmrichtung. Bild: Michael Mau

Was aber die Fahrt begrenzt, hört sich paradox an: Es tritt ein Strömungsabriss ein, weil zu schnell geflogen wird. Die rückwärtige Fahrtkomponente lässt die Anströmung an der Innenseite des Rücklaufenden an den maximalen Anstellwinkel geraten. Da man die Rollbewegung aufhalten und den Hubschrauber in der Horizontallage halten will, stellt man das Rücklaufende zunehmend an, bis die Strömung im hinteren Bereich der Rotorkreisfläche abzureißen beginnt. Übrigens gibt es Helikopter, die dennoch Geschwindigkeiten von über 300 km/h erreichen. Zeichnerisch lässt sich der Strömungsabriss am rücklaufenden Blatt wie folgt argumentieren: Durch die vektorielle Verschiebung der Fahrtkomponente wächst der Anstellwinkel in Richtung der Blattlänge bis zum Maximum.

Bodeneffekt

70 Ein Polster, aber nicht zum Ausruhen

Der Bodeneffekt ist auch als Bodenpolster bekannt. Er schwebt nicht zufällig in einer bestimmten Höhe über Grund, sondern nutzt den aerodynamischen Vorteil der Bodennähe aus. Der Rotorstrahl besteht aus zwei Strömungskomponenten, der Anströmung aus der Drehebene und der senkrechten Durchtrittskomponenten. Diese beiden bilden zur Profilsehne den effektiven Anstellwinkel, von dem der Rotor zehrt. Wird nun durch eine Bodennähe die vertikale Durchtrittskomponente gehemmt, ändert auch die effektive Anströmrichtung den Anstellwinkel. Der Auftrieb nimmt ohne Leistungszufuhr zu und zum Beispiel zum Aufsetzen auf der Landefläche muss die Power noch etwas weiter verringert werden.

Der »Ground effect« ist wirksam ab unterhalb einer Höhe über Grund entsprechend einem Rotordurchmesser des benutzen Helikopters. Der Einfluss wird auch von der Beschaffenheit des Untergrundes bestimmt. So ist ein hoher Bewuchs mit Gras ab einem zu geringen Abstand nicht förderlich. Glatte Betonflächen schwächen wiederum die Hemmwirkung. Auch die Gestaltung des Untergrundes wie Hanglage oder Kuppen lassen den Bodeneffekt »verpuffen«. So ist an extremen Hanglagen kein Bodeneffekt zu erwarten.

Im Bodeneinfluss erfährt der Hubschrauber zusätzlichen Auftrieb bis zu 20 Prozent, wenn der Rotorstrahl senkrecht am Boden auffließt. Bild: Franz Mayer

71

Nach einem Triebwerksausfall ist der Hubschrauber dennoch komplett steuerbar, allerdings ist kein Steigflug möglich. Bild: Helmut Mauch

Autorotation

Motor aus. Und dann?

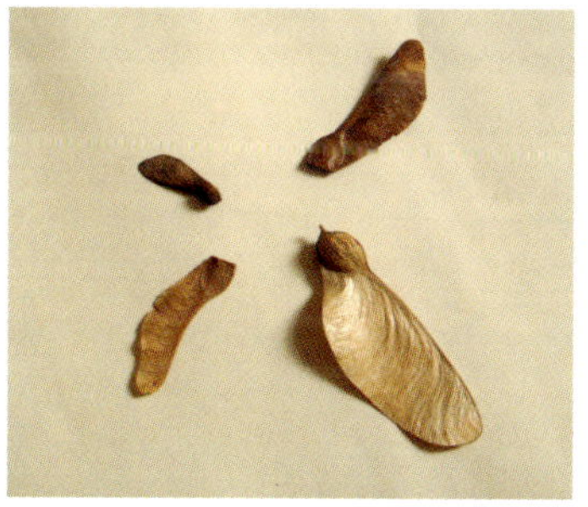

Die Natur lehrt uns fliegen. Diese beflügelten Samenkörner drehen sich selbst und bewegen sich autorotierend mit geringer Sinkrate. Bild: Helmut Mauch

Es wird erstaunlicherweise von Hubschraubermitfliegern vor dem Flug sehr selten gefragt, was denn bei einem Motorversagen eigentlich passiert. Die Autorotation kommt zwar selten vor, aber nach einer erfolgreichen Landung fragt man doch noch nach der Funktion. Sie ist die Eigenschaft des Hauptrotors – eigentlich eine Selbstdrehung, wobei der Rotor dreht und sogar eine ungefährliche Sinkgeschwindigkeit generiert und dazu noch eine Steuerbarkeit garantiert. Der Autorotationsflug ist senkrecht möglich und auch mit Vorwärtsfahrt, um einen Notlandeplatz anzufliegen. In früherer Zeit sprach man von einer Umschaltautomatik in den Autorotationsflug. Dieser war lange voller Rätsel und man kam dann darauf, vor dem Aufsetzen den Heli zügig aufzurichten, wobei die Fahrt und die Sinkrate reduziert wurden. Dies erfordert heutzutage intensives Training während der Schulung.

Die theoretische Grundlage der Autorotation ist zeichnerisch einfach darstellbar. Man stellt das Profil mit Null Einstellwinkel auf die Rotorebene und trägt die Strömungskomponente auf dieser ab. Die senkrechte Durchtrittskomponente greift von unten an und sie ergibt das Strömungsdreieck zwischen Profilsehne und effektiver Anströmung. Wie im motorgetriebenen Zustand steht der Auftrieb senkrecht auf der Effektiven und die Resultierende Luftkraft steht vor der Rotorachse. Daraus ergibt sich eine antreibende Tangentialkraft und der Rotor dreht weiter. Der Anstellwinkel beträgt dabei durchschnittlich drei Grad. Die Sinkrate beträgt beim leichten Heli ungefähr sieben Meter in der Sekunde. Ein eindrucksvolles Beispiel für die Selbstdrehung bietet das geflügelte Samenkorn des Ahornbaums im freien Fall. Dieses rotiert mit einer konstanten Drehzahl und Sinkgeschwindigkeit.

Wussten Sie schon?

Autorotationsmanöver – Keine Zeit zum Nachdenken. Nach dem Ausfall eines der beiden verfügbaren Triebwerke reicht die Leistung des verbleibenden für den Weiterflug unter bestimmten Einschränkungen aus. Man hat natürlich das Eigengewicht des Versagers mitzunehmen. Das kann bei einem viersitzigen Helikopter bei über 100 Kilogramm liegen. Darüber zu philosophieren bleibt keine Zeit, sondern spontane Reaktion ist gefragt. Wichtig ist dabei eine begründete Regel, die verhindern soll, dass das »gesunde« Triebwerk abgestellt wird. Linkes Triebwerk ist Nummer 1, das rechte Nummer 2. Am Kollektiv vorne 1, das hintere 2. Ab einer kritischen Höhe unterbleibt ein Wiederanlassversuch, man konzentriert sich auf den Ablauf des Notmanövers. Der wichtigste Punkt ist die Rotordrehzahl, die nicht unter den grünen Bereich geraten darf. In diesem Fall kann die Unterdrehzahl bei genügend Fahrt durch einen »Flare« wieder aufgebaut werden. In einer Kurve nimmt die Drehzahl gewöhnlich zu. Dies kommt durch verstärkte Tangentialkraft zustande. Die Fahrt selbst nimmt in einem Flare ab und wenn dann zu ihrer Wiedergewinnung nachgedrückt wird, nimmt die Drehzahl wieder ab. Mit dem »Collective« wird korrigiert. Um dieses Wechselspiel zu beruhigen und beide Werte Fahrt und Drehzahl zu stabilisieren, wird oft Zeit verbraucht. Deshalb ist der Flugweg- und die Höhe so zu planen, dass stets die Möglichkeit einer gefahrlosen Notlandung geboten ist.

Tragschrauber

Eine spannende Art des Autorotationsflugs

Hier zeigt sich der typische Tragschrauber in einfacher Konzeption. Bild: Michael Mau

Der enge Verwandte vom Hubschrauber hat sich nach langer Zeit auf dem Gebiet der Sportfliegerei wieder eingefunden. Das Prinzip der selbstdrehenden Schraube ist Jahrzehnte alt und hat zwischendurch auch andere Versuchsreihen durchlaufen. Die Rotoren beider Luftfahrzeuge haben eine gemeinsame Eigenschaft: Sie erzeugen den Auftrieb. Dieser entsteht beim Hubschrauber durch den motorisierten Antrieb und beim Tragschrauber durch die durch die Rotorfläche durchströmende Luftmasse. Gemeinsam ist die Eigenschaft der Selbstdrehung sprich Autorotation. Diese besorgt beim »Gyro« den Verbleib auf der Flugbahn, während sie beim Heli zum Beispiel im Fall des Triebwerksausfalls oder zum Zweck des schnelleren Sinkfluges eingenommen wird.

Das Prinzip des Tragschraubers und Versionen

Die Rotorkreisfläche des Tragschraubers ist gegen die Flugrichtung angestellt und wird durch ein Triebwerk in Fahrt gehalten. Dieses war anfänglich im Rumpfbug mit einem Zugpropeller verbunden. Spätere Versionen wurden im Rumpfrücken mit einem Motor mit Druckpropeller ausgestattet, wobei dessen Propellerstrahl das Leitwerk am Rumpfende bestrich. Die Steuerung war über die Rotorfläche aktiv. Der Flugzustand ist beim Tragschrauber ständig auf einem positiven Belastungswert beizubehalten, da bei zu starkem Nachdrücken und Entlastung der vitale Autorotationszustand an Wirkung verliert und dies zur Gefahr wird. Vor dem Start wird der Rotor vom Motor über eine Welle, die oberhalb in ein Zahnrad greift, vorbeschleunigt und dann während des Rollvorgangs auf der Startbahn zur erforderlichen Drehzahl gebracht. Den Schub für die folgende Steigflugphase liefert dann der Motor.

73

Bodenresonanz

Eine Frage der Bodenoberfläche

Ein seit früher Zeit in der Hubschrauberei gefürchteter Zustand ist die sogenannte Bodenresonanz. Teilweise erreichten Schwingungen dieser Art zerstörerische Ausmaße an der Hubschrauberzelle und am menschlichen Körper enorme Störungen bis zur Bewusstlosigkeit. Die Ursachen sind vielfach und kurzzeitige und danach kräftige Vibrationen treten auf. Die Amplituden hängen von der Form der Elemente ab, die den Zustand anfachen können. Eine niedere Frequenz wird von weit ausladenden Kufengestellen erwartet. Auch die Bewegungscharakteristik von Fahrwerkstreben kann die Schwingungsart begünstigen. So wurde das Auftreten von Bodenresonanz bei der Sikorsky S-58 durch Änderung des Fahrwerks eingehend gestoppt.

Federweg und Luftreifen sind auch Verursacher der Schwingungen. Auslöser können auch die Handhabung der Steuerung bei Landungen auf schiefen Ebenen sein. Es kann beim Absetzen einer Fahrwerks- oder Kufengestellkomponente zum Anfachen genügen. Die Schwingungsfrequenz nimmt dann rasch zu. Jetzt muss die Entscheidung fallen, ob der Landeversuch fortgesetzt werden soll oder ob im Zweifel aus Sicherheitsgründen ein sicherer Abstand zum Boden eingenommen bleibt. Ursächlich kann auch das Absetzen gleichzeitig auf verschiedenen Ebenen sein. So können Grasfläche und Asphalt, also zwei sehr verschiedene Medien unterschiedliche Schwingungen anregen, die wiederum verschiedene Amplituden erzeugen. Ein allzu verkantetes Absetzen soll verhindert werden.

74

Blade stall

Wenn die Strömung abreißt

Diese Bezeichnung soll heißen: Strömungsabriss am Rotorblatt. Er ist vergleichbar mit dem Strömungsfiasko bei einem Starrflügler, gleichzusetzen mit Zusammenbruch des Auftriebs an den betroffenen Arealen. Wo auch immer der Blade stall auftritt, ist der effektive Anstellwinkel für den jeweiligen Flugzustand bestimmend. Wird dieser überzogen, fließt die Luftmasse nicht mehr ungestört über das Profil, wird außergewöhnlich turbulent und reißt schließlich ab. Während beim Starrflügler die Strömung am Tragwerk von vorne ankommt, fließt am rücklaufenden Rotorblatt am Innenbereich der Rotorfläche die Luftmasse von hinten. Je schneller der Hubschrauber fliegen soll, desto mehr muss die Rotorkreisfläche nach vorne geneigt sprich hinten angehoben werden. Dazu muss das rücklaufende Blatt mit zunehmend wachsendem Anstellwinkel hoch ansteigen, bis es wieder zum vorlaufenden Blatt konvertiert und tiefer verläuft, Fazit: Der Strömungsabriss ist Ergebnis der zunehmenden Anstellung bis zum Höchstpunkt des Umlaufs bei beabsichtigter Fahrtsteigerung.

Der Strömungsabriss lässt sich zeichnerisch argumentieren: Mit zunehmender Fahrtkomponente wird deren Komponente in Richtung Blattende verschoben, sodass hier der maximale Anstellwinkel zuerst erreicht wird. Bei einem Hubschrauber mit gegen den Uhrzeigersinn drehendem Rotor rollt die Maschine nach links mit zunehmenden Vibrationen und sackt gleichzeitig nach hinten ab. Die Vermeidung ist sofortige Leistungsreduktion und Fahrtverringerung. Neben dem »klassischen« Blade stall im Vorwärtsflug passiert selbstverständlich auch ein Strömungsabriss im Schwebeflug infolge zu hoher Einstellung des kollektiven Einstellhebels.

Generell ist ein Strömungsabriss abhängig vom Anstellwinkel, der in einer extremen Flugsituation überzogen wird. Dazu zählen hohe Belastung und zu hohe Geschwindigkeit. Bild: Helmut Mauch

Vortex Ring

75

Drei Faktoren sind wichtig

Es existiert eine Regel zur Vermeidung des »Vortex Ring Status« und für die »Recovery« – die Rettung aus diesem Flugzustand. Eine theoretische Vorstellung zeigt eine gleichmäßige durch die Rotorkreisfläche fließende Strahlröhre. Wird diese rasch gegen die Umgebungsluftmasse bewegt, bildet sich umfänglich ein Wirbelring. Sobald die Rotorfläche mit einer bestimmten Fahrt seitwärts bewegt und somit der Strahl schräg durch die Kreisfläche fließt, verkleinert sich die vertikale Durchtrittskomponente und der Anstellwinkel nimmt wieder zu. Die einfache Regel heißt für die leichte Hubschrauber-Gruppe: Nicht schneller senkrechtes Sinken als 1,5 m/sek., nicht mehr als 20 Prozent Leistung anwenden und nicht langsamer als 20 km/h. Nur wenn diese drei Faktoren nicht gleichzeitig eintreten, ist der Flugzustand noch sicher.

Rettungsmanöver

Um sich aus dem Wirbelringstadium zu befreien, nimmt man Fahrt auf oder geht in den Autorotationsflugzustand über. Von einem spontanen Versuch, einen steilen Sinkflug mit hoher Sinkrate mit enormer Motorleistung abzubremsen, ist abzuraten, denn dies wäre dann der Bilderbuch-Vortex-Ring-State. Nach dem Entlasten des Rotors fehlt zum Einleiten einer Autorotation oft die verbleibende Höhe. Eine sichere Maßnahme zur Wiederherstellung der sicheren Flugsituation ist auch die »Flucht« in den Übergangsauftrieb.

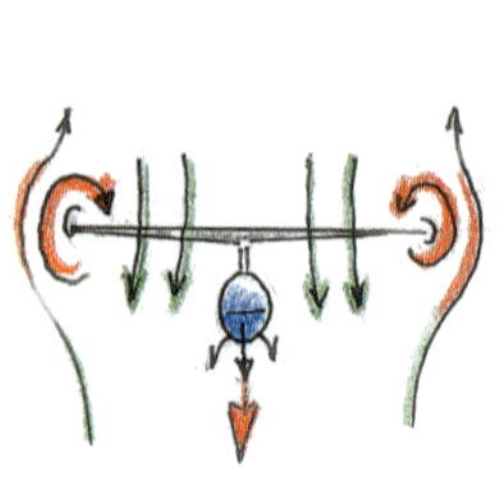

Die Darstellung zeigt die Bildung des Wirbelringstadiums bei hoher senkrechter Sinkrate. Bild: Helmut Mauch

Oft tritt auch eine Art des »Selbsterhaltungstriebs« des Hubschraubers ein. Der exakte Zustand des Wirbelringstadiums ist voll entwickelt, wenn der Hauptrotorstrahl senkrecht durch die Kreisfläche fließt und auch eine vertikale Durchtrittskomponente bildet. Durch die unruhige und ungleichmäßige Fluglagebewegungen gerät durchaus eine Abkehr von der horizontalen Lage durch Auftriebsunterschiede innerhalb der Kreisfläche. Der Hubschrauber gerät seitlich aus dem vertikalen Sinkflug heraus etwa durch Anströmung der horizontalen Flosse von unten und bewirkt eine Kopflastigkeit – der Hubschrauber holt Fahrt auf und verlässt den Wirbelringstatus.

76

Rezirkulation

Hindernisse und ihre Tücken

Eine nahe Verwandte des Wirbelringstadiums ist eine oft unterschätzte aerodynamische Unterart. Was beim ausgeprägten Vortex Ring durch die Bewegung von Luftmassen verursacht wird, kommt hier durch relativ feste umweltbedingte Umlenkungen von Strömungen zustande. Solange der Helikopter im Schwebeflugzustand von keinem Hindernis umgeben ist, wird der Rotorstrahl radial abfließen und ungestört bis auf Null Geschwindigkeit seinen Einfluss verlieren. Sobald in bestimmten Abständen der Strahl auf ein massives Hindernis trifft, wird er von dessen Form entsprechend umgelenkt. Die konkreten Hindernisse können Gebäude oder schroffe Bodenerhebungen sein. Auch Bäume in dichtem Bestand oder dichte Hecken sowie Bepflanzungen reichen aus, um den Rotorstrahl in dem Bereich genügend umzulenken und wieder in den Rotorkreis einzusaugen. Auch bei einem Schwebeflug über einem Pflanzenbewuchs mit Mais oder Bambus bildet sich eine »Schüssel« unter dem Hubschrauber, wo der Rotorstrahl nach oben abgelenkt wird und die gleichen aerodynamischen Zustände partiell wie beim Wirbelringstadium herstellt. Vor einem zu großen Leistungsverlust sollte dieser mit einem sofortigen Hochziehen vermieden werden. Der Einflug in eine nachgiebige, muldenbildende Pflanzenwelt oder in eine Baugrube wie eine Abraumhalde sollte rechtzeitig beendet werden.

Eine Rezirkulation entsteht, wenn der Rotorstrahl in der Nähe von Gebäuden eingelenkt und auf dieser Seite der Auftrieb stark gestört wird.
Bild: Helmut Mauch

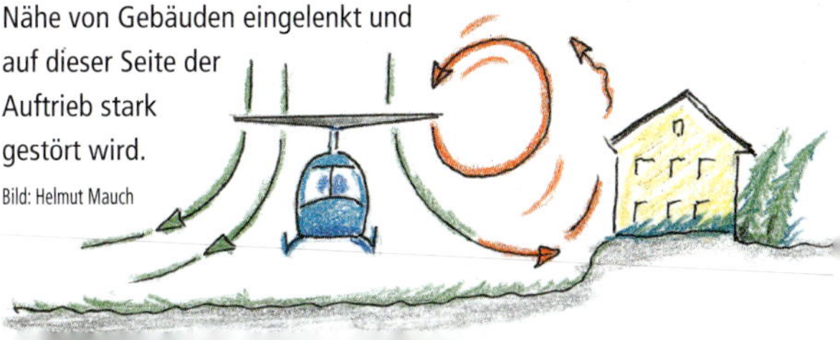

Reichweite des Hubschraubers

Der Kraftstoffvorrat ist leider endlich

77

Innerhalb der Geschichte der Drehflügler war deren äußerer Eindruck von der reinen Zweckmäßigkeit geprägt. Luftwiderstand schien eine untergeordnete Wichtigkeit zu bedeuten. Man legte hauptsächlich großen Wert auf die aerodynamische Güte des Rotorsystems. Die Geometrie der Rotorblätter, die Profilwahl und die Widerstandsarmut spielten immer die wesentliche Rolle. Wo die Grenze der Reichweite erreicht wurde, übernahm bereits der Starrflügler mit größeren Streckenwerten die Aufgaben. Die Hubschrauberzelle selbst musste im Verlauf der Verbesserung der Zellenstruktur »windschlüpfriger« gestaltet werden. Das erforderte weniger Stirnflächenformen mit fast querstehenden und strömungsungünstigen Konturen. Wie im gesamten Bereich der Luftfahrzeuge bestimmen letztendlich Kompromisse das Aussehen des Hubschraubers. Auch die Kraft der zunehmend stärkeren Triebwerke soll genutzt werden und so soll auch die Zellenstruktur »mitwachsen«.

Die AW 139 ist als Reisehubschrauber für größere Reichweite konzipiert. Bild: Michael Mau

Aus Flugsicherheitsgründen wurden bei vielen Modellen zwei Triebwerke untergebracht, was mehr Platzbedarf erfordert. Mehr Tankvolumen ergab höheres Abfluggewicht, brachte aber mehr Reichweite. Die Triebwerke sind meist so auf dem Rumpfrücken aufgesetzt, dass ihr Ansaugbereich in keinem Strömungsschatten liegt. Die Rumpfform weist die ideale Keulenform auf und während des Reisefluges beaufschlagt der Hauptrotorstrahl kaum in strömungsungünstiger Weise die obere Zellenstruktur. Fahrwerkskomponenten werden möglichst weit unter die Rumpfhaut eingezogen. Die Reichweitenwerte von Hubschraubern konnten durch die Rotorsysteme, ihre Aerodynamik, die günstige Rumpfform und die stärkeren Triebwerke zusehends mit der verfeinerten Technik enorm gesteigert werden. Schon die Eleganz einer Maschine lässt die höhere Streckenleistung vermuten. Auf dem militärischen Sektor wird auch Luftbetankung zur Reichweitensteigerung praktiziert.

Hanglandung

78

Nur nicht kippen, heißt die Devise

Genau betrachtet ist jede Landung eines Hubschraubers eine Hanglandung. Das Fahrwerk oder das Kufengestell setzen selten mit ihrer unteren Ebene gleichzeitig auf. Bevor auf einer schiefen Ebene aufgesetzt wird, muss auch die maximale Begrenzung in Längs- und Querrichtung im Flughandbuch studiert werden. Im extremen Zustand kann der Quer-Schwerpunkt zu weit »talwärts« liegen und beim weiteren Versuch abzusetzen, kann der Heli umkippen. Das wäre dann der »static Roll over«.

Eigentlich muss während des gesamten Ablaufs die Rotorkreisfläche horizontal wirken plus eine erforderliche Komponente gegen den Hang, um ein talwärtiges Rutschen zu verhindern. Auch dabei soll nicht übertrieben werden. Dann wird die Rotorleistung behutsam verringert und das Drehmoment kompensiert. Wird bemerkt, dass die erforderliche Schräge nicht erreicht werden kann, muss das Manöver abgebrochen und an anderer Stelle versucht werden.

Während des Ablaufs der Hanglandung ist der Bodeneffekt auf der Hangseite durch den geringeren Abstand stärker wirksam als auf der Talseite. Die Sitzposition des Piloten verursacht eine leichte optische Veränderung, da die Sitzhöhe über der schiefen Ebene unterschiedlich wird. Wichtig ist eine ruhige und präzise Steuerführung.

Bei einer Hanglandung kann der maximale Neigungsgrad nicht reichen, so bleibt die »Talkufe« zunächst in der Luft. Bild: Archiv Michael Mau

Gebirgseinsätze

79

Rettungsflüge, die nicht ungefährlich sind

Der Hubschrauber hat sich als vielseitiges Rettungsmittel bewährt. Als oft einzige Hilfe in gebirgigem Gelände ist die Schwebefähigkeit ohne Alternative. Wo früher Flächenflugzeuge auf Schneeflächen hochriskant operierten, hat heute der Helikopter die Suche in engen Tälern, Landung und Start unter schwierigen Bedingungen übernommen. Diese werden durch die atmosphärischen Faktoren in großer Höhe und oft widrigen Windströmungen zusätzlich erschwert. Oft ist für das Schweben mit Bodeneinfluss kein taugliches Gelände verfügbar, sodass ohne Bodeneffekt in der Nähe von Felswänden Rettungsflüge stattfinden. Aufgrund von fehlenden gewohnten und optisch einschätzbaren Gegenständen und Konturarmut über Schneeflächen erfordern solche Einsätze hohe fliegerische Qualifikation und Erfahrung der gesamten Besatzung. Dazu gehört natürlich insbesondere der passende Hubschrauber. Die heute eingesetzten Hubschrauber haben sich weltweit bewährt. Eine der best-

Im Gebirge werden Einsätze erschwert, weil dort das Schätzungsvermögen wegen Kontrastarmut in der Umgebung besonders beansprucht ist. Bild: Archiv Michael Mau

Bei der Gebirgsrettung werden auch starke Hubschrauber gefordert. Bild: Heike Eisele

bewährten Bergrettungsmannschaften hat auch für andere ausländischen Crews die Ausbildung und praktische Einweisung übernommen. Diese finden auf Helikoptern wie jenen der europäischen Firma Eurocopter statt, zum Beispiel SA 350, EC 135, oder der Bell 429. Die jeweiligen Einsätze sind durch vorhandene Ortskenntnis zwar einfacher, jedoch sind im Gebirge Einschätzungen von Abständen, Höhen und Geschwindigkeiten nie konstant.

Einsätze mit Seil oder in der Nacht

Besonders dramatisch sind Einsätze mit dem Rettungsseil mit verschiedenen Längen. Schwebeflüge sind oft erschwert durch aerodynamische und antriebsseitige Begrenzung. Die Dichtehöhe – Ergebnis aus Druckhöhe und Außentemperatur – ermöglicht in Extremfällen eine wesentlich eingeschränkte Flughöhe. Auch Such- und Rettungsflüge bei Nacht sind ein sehr anspruchsvolles Unternehmen. Wärmebildkameras und Nachtsichtgeräte sowie der Einsatz von Drohnen unterstützen die Suche nach Verunglückten enorm.

Pinnacle landing

80

Irgendwie wie auf Messers Schneide

Mit diesem Begriff wird eine Landung auf einem Gipfel oder auf einem hervorspringenden Punkt bezeichnet. Den Aufsetzpunkt umgebend fällt das Areal steil ab und lässt die Entwicklung eines Bodeneffekts kaum oder nur teilweise zu. Es ist auch an Landungen auf begrenzten Punkten gedacht wie an Krankenhäusern und bei Rettungseinsätzen dort, wohin kein Fahrzeug gelangen kann. Wichtig ist die Erkundung der Windverhältnisse und die Einschätzung der Turbulenzzonen. Bei starkem Gegenwind kann mit einer Geschwindigkeit im Übergangsauftrieb angeflogen werden. Dabei ist mit einer kräftigen Turbulenz zu rechnen und die Annäherung sollte deshalb steiler und oberhalb des Turbulenzkeils erfolgen. Anders verhält es sich bei einem Landeanflug unter schwachen Windbedingungen. In der Endphase des Sinkfluges wird der Übergangsauftrieb früher verloren und in diesem Teil gibt es noch keinen Bodeneffekt, denn die Auftriebshilfen wirken nie gleichzeitig. Bei der dichten Annäherung zum Beispiel an der Kante des Landespots kommt zuerst die vordere Hälfte der Rotorfläche in den Bodeneinfluss, sodass sich der Hubschrauber aufrichtet und sich in dieser Lage nun rückwärts zu bewegen beginnt. Um dies zu verhindern, drückt der Pilot die Rotorkreisfläche vorwärts. Diese kommt jetzt vollständig über den Landeplatz und erhält ganzheitlich Bodeneffekt. Durch die vorwärts gesteuerte Rotorfläche bewegt sich diese über den hinteren Rand hinaus und so verlässt diese »Hälfte« den Bodeneffekt und der Hubschrauber geht in den vorwärts geneigten Vorwärtsflug über. Man muss die gefährliche Nähe des Heckrotors während dieses überraschenden Verlassens des Gipfels beachten.

Vor der hoch gelegenen Landefläche wird auf gleicher Höhe ein Leistungs-Check geflogen. Bild: Martino Albertalli/Eliticino

81

Maximale Hoverhöhe

Hoch hinaus, aber nicht zu hoch!

Es ist fast unvorstellbar: Auf dem Himalaya ist einmal ein Hubschrauber gelandet und sicher wieder zurückgekehrt. Es war ein Eurocopter AS 350 B3 »Equreuil«. Sie wurde so weit wie möglich »abgespeckt«. Nach dem Steigflug wurde der Heli durch den Spritverbrauch leichter, allerdings verbraucht eine Gasturbine in der Höhe weniger Kraftstoff. Für die große Höhe über 12.000 Fuß ist die Mitnahme von Sauerstoff erforderlich. Die Atemluftleitungen müssen geheizt werden, da der Atemdunst vereist. Die Maschine ist 2004 in einer Höhe von 8.850 Metern aufgesetzt worden. Der Mehrzweck-Serienhubschrauber von EADS wurde von einem Testpiloten geflogen. Das konsequente Verringern dynamisch beanspruchter Teile und Anwendung der Modulbauweise vereinfachen den umfangreichen Wartungsaufwand eklatant. Die Gasturbine Turbomeca Arriel mit 592 WPS ermöglicht außer der »üblichen« maximalen Hoverhöhe im Bodeneffekt bei 3.250 Metern eine Reisegeschwindigkeit von 230 km/h. Die »Equreuil« kann sechs Personen aufnehmen.

Equreuil beim Rekordflug. Bild: Archiv Michael Mau

Landung in begrenzten Räumen

Wenn es eng wird

82

Diese Hubschrauber-eigentümlichen Manöver sind Bestandteil der Schulung und Weiterbildung. Es sind Operationen für den Anflug und die Landung, bei denen kein größerer Raum verfügbar ist. Prinzipiell ist der Platz nur mit vorheriger Genehmigung zu nutzen und unter den geltenden Umweltbedingungen anzuflie-

Außenlandeflächen können sehr begrenzt sein und Verwirbelungen anfachen. Bild: Michael Mau

gen sowie als Notladefläche zu sehen. Es sollte bekannt sein, in welchen Dimensionen sich das Areal erstreckt. Logisch dass, wenn es sich aus der Luft gesehen als zu klein ergibt, kein Anflug erfolgen soll. Die amtliche Zulassung einer Landung kann bestimmte Parameter vorschreiben wie der Anflugwinkel, Abstand zu Gebäuden, Anflugrichtung und Zeit des Vorhabens. Auch Einverständniserklärung der Gemeinde und des Eigentümers des Areals sowie Benachrichtigung der örtlichen Polizei und der Feuerwehr sind beizubringen.

Der Flug wird durchgeführt

Vor der Wahl des Anflugweges werden die Windverhältnisse erkundet anhand von Wolkenzug, Wasserflächen und Staubfahnen. Ein Raum mit rechteckiger Grundfläche wird möglichst diagonal gegen die Hauptwindrichtung angeflogen. Es bleibt oft beim Kompromiss aus Windrichtung und der längsten Einflugstrecke. So wird auch der möglichst flache Sinkwinkel verfolgt, auch der längste Verbleib im Übergangsauftrieb. Beim Überflug der ersten Hinderniskante kann abhängig von der Windstärke ein Aufwindwirbel warten und danach kann sich unterhalb eine Abwindwalze bilden. Dieser muss mit Zusatzleistung begegnet werden. Man muss auch die Wirkung des Rotorwindes bedenken, sobald der Hubschrauber in den Bodeneinfluss gelangt. Der Rotorstrahl bläst verstärkt auf die umstehende Waldkulisse und versetzt Äste in starke Bewegung mit deren Bruchgefahr. Vor dem Drehen auf der Stelle muss die Hindernisfreiheit gewährleistet sein.

Wasserung

83

Eine gefürchtete Situation

Diese Bezeichnung umschreibt in kurzem Wort eine mögliche Tragödie, die nicht mit der Landung auf festem Grund vergleichbar ist. Viele Hubschrauber operieren über dem Meer, wie zum Beispiel für Bohrinseln oder auf Schiffen oder selbst zu Rettungseinsätzen. Diese Helikopter sind für ihre Flüge meist mit einer bootsähnlichen Rumpfstruktur entworfen oder sind mit Stützschwimmern ausgestattet. Manche Hubschrauber sind mit aufblasbaren Schwimmblasen ausgerüstet, welche sich bei Salzwasserberührung automatisch aktivieren und den Havaristen zumindest so lange über Wasser halten, bis Personen gesichert von Bord gelangen können und ggfs. bis zur weiteren Absicherung schwimmfähig bleiben.

Wasserlandungen waren schon zu Anfang der Hubschrauberei eine viel beachtete Option.

Bild: Milosz Rusiecki

Gegenwärtig werden über See nur solche Helikopter eingesetzt, die über zwei Triebwerke verfügen und mit dem verbleibenden noch zu einer soliden Fläche fliegen können. Für den akuten Notfall wie zum Beispiel Versagen des Antriebs oder der Triebwerke gibt es vorgeschriebene Verfahren. Diese »Ditching procedures« geben Instruktionen, wie im Umgang mit einer Wasserberührung fortzufahren ist. Sobald der Antrieb total versagt, muss in den Autorotationsflug übergegangen werden. Wenn möglich in Richtung eines Schiffes in der Nähe kurven und auch gegebenenfalls die Windrichtung beachten. Geschwindigkeit für größte Reichweite halten. Über der Wasseroberfläche wird in solche »Flare«-Lage aufgerichtet, bis die Fahrt auf ein Minimum und auch die Sinkrate reduziert ist. Es ist logisch, dass über der Wasserfläche der Abstand schwierig einzuschätzen ist und der Abfangvorgang zunächst ohne Rupturen vor sich geht. Manche Prozeduren schlagen vor, mit der ersten Berührung des Wassers den Rumpf zur vorlaufenden Blattseite zu neigen, damit ein »wiederauftauchendes« Blatt nicht in die Kabine einschlagen kann. Dann folgt die Evakuierung.

84 Notverfahren

Allzeit gut vorbereitet

Jedem Luftfahrzeug wohnt ein Versagensteufel inne. Dieser kann in menschlicher Art »ein Bein stellen« oder in technischer Art auftreten. In den Ausbildungsprogrammen legt man hohen Wert auf die Sparte »Verhalten in besonderen Fällen«. Eigentlich müsste es heißen: »Verhüten von besonderen Fällen«. Dazu ist die Aufmerksamkeit der Preis für die frühe Reaktion auf fliegerische Unregelmäßigkeiten. Die Schwere der Notfälle lässt sich in Dringlichkeit einteilen. So ist der gravierendste Zwischenfall der Ausfall eines Antriebs. Hier ist sofort zu handeln und die Flugfähigkeit des Hubschraubers per Autorotation zu sichern.

Primär sind bereits im Vorlauf des Fluges möglichst konstant Notlandeflächen im Auge zu behalten. Bereits in der Schulung wird dieses Verhalten gefordert. Auch der Ausbruch eines Feuers an Bord verlangt sofortiges Handeln mit bordeigenen Mitteln und Anflug geeigneter Positionen zur Brandbekämpfung. Die weniger prekäre Situation wird ebenfalls präventiv trainiert: Ausfall einer Steuerungskomponente. So kann etwa bei Totalausfall des Heckrotors auch noch mit der Drehmomentkontrolle per kollektivem Pitch und gezielter wie richtiger Drehzahländerung eine Landung bewältigt werden. Diese Aktion bedarf keiner Hast.

Der Ausfall der Hydraulikunterstützung wird ebenfalls simuliert. Die relevanten technischen Hilfsmaßnahmen müssen auch theoretisch beherrscht werden. Das Versagen elektrischer Anlagen ohne Brand und Rauchbildung kann beim nächstgelegenen Flugplatz behoben werden. Beim Verlust einer Komponente muss die Dringlichkeit beurteilt werden. Sofort landen – geeigneten Platz anfliegen – Weiterflug zur nächsten technischen Hilfe.

Wussten Sie schon?

Der sicherste Blitzschutz ist die Maßnahme, ein Gewitter zu meiden und zu umfliegen. Ein Verlass auf die Hubschrauberzelle als »Faraday'scher Käfig« ist nicht als hundertprozentiger Schutz zu sehen. Es sind Vorgänge bekannt, wo vor der Aufnahme gewisser Lasten mit dem Lastennetz oder Lasthaken unter dem Hubschrauber ein »Erdungskabel« für den Bodenkontakt abzuwerfen war, da sonst die Operator-Crew einen elektrischen Schlag abbekommen hätte.

85

Vogelschlag (Bird strike)

Kleines Tier, große Folgen

Es existieren Statistiken von Beschädigungen an Luftfahrzeugen unterschiedlicher Ausmaße. Sie variieren von leicht über schwere Blessuren bis zum Totalverlust. Dabei spielen die Massivität der Tiere, Geschwindigkeit des Zusammenstoßes und Aufprallwinkel eine Rolle. Größere Schwärme, wie sie in den bekannten Zuglinien unterwegs sind, können je nach Kompaktheit auch auf dem Radar erfasst werden. Die Flughöhe ist nicht wie oft angenommen auf den Luftraum »G« (unterer Luftraum) begrenzt.

Worauf man achtet, sind Gegenden mit typischen Brutzeiten. In den Luftfahrtkarten sind die Aktivitäten aufgezeichnet. Auch kennen die gefiederten Luftfahrer keine tageszeitlichen Einschränkungen. Einer Ente in knapp 3.000 Metern Höhe zu begegnen, ist zwar selten, aber es passiert. Unterwegs über den Alpen sind Dohlen anzutreffen. Sie kontrastieren aber gut vor verschneiter Umgebung. Ein Tiefflug entlang dem Mäandertal eines Flusses »just for fun« kann »durchschlagenden« Erfolg einer Ente ins Cockpit bedeuten. Gesichtsverletzungen sind Nachweis von der Kollision mit einem kompakten Vogel. In Seegegenden und in Nähe von Müllhalden (wenn noch vorhanden) manövrieren häufig Gefiederte. Auch verbogene Scheibenwischer können die Folge sein. Staurohre können deformiert und verstopft sein. Zwischen der Taumelscheibe und den längeren Blattverstellhebeln können durch anprallende Vögel Verbiegungen auftreten.

Die Lufteinlässe für Kolbentriebwerke sind versteckt und »vogelfrei«, die Zugänge für Gasturbinen müssen geschützt in der Rumpfkontur bleiben und dennoch freien Lauf für die erforderliche Luftmasse bieten. »Snow buffles« (Schneeabweiser) sind da hilfreiche Anbauten. Der empfindlichste Teil bleibt der Heckrotor. Dieser erfasst die totale oder in Teilen zerlegte Kreatur. Dessen gestörte Verstellbarkeit oder der gesamte Ausfall erfordern dann oft eine Sicherheitslandung.

86

Quickstop

Wie zum schnellen Ende?

Dieser Ausdruck erlebte schon vielerlei Missdeutungen, es bleibt aber bei diesem typischen Drehflügler-Manöver nur eine Erklärung: Wie hält man einen Hubschrauber auf die schnellste Weise an? Bei einem Starrflügler nimmt man »das Gas raus«, wenn vorhanden, fährt man die Luftbremsen und dann die Landeklappen aus. Es muss aber immer noch ausreichende Fahrt anliegen, um das Flugzeug noch flugfähig zu halten.

Quickstop mit dem Heli

Der Hubschrauber verfügt jedoch über keine dieser Hilfen. Der Helikopter soll aus voller Fahrt in der Luft zum Stillstand gebracht und dann erforderlichenfalls abgesetzt werden. Wann ist ein solches Manöver notwendig? Im Schulungsprogramm kann es eine nützliche Koordinationsübung sein und in der Praxis ein rettendes Flugmanöver. In Situationen, die eine tiefere Flughöhe über Grund wie zum Beispiel bei Such- und Rettungsflügen erfordern, wird ein nicht bekanntes oder verzeichnetes Hindernis zur Falle, Hochspannungsleitungen zur »Fanganlage«. Beim Auftauchen irgendwelcher Sperren ist oft der instinktiv hochgezogene Ausweg nicht immer die einzige Lösung. Sie führt in die Wolken – oder Nebeldecke hinein. Für eine Umkehrkurve ist kein freier Raum zu sehen. Also »Quickstop« sofort! Gleichzeitig, und da es sich um einen Flare mit Aufrichten des Heli handelt, wird der Pitch für konstante Höhenhaltung verringert bis zur Fahrtreduktion möglichst noch bei Verbleib im Übergangsauftrieb. Damit lässt sich der kurze Sinkflug mit entsprechender Restfahrt bis zum stationären Schwebeflug gestalten.

Auch schwerere Helikopter müssen manchmal unter schwierigsten Bedingungen zum Stehen gebracht werden. Bild: Michael Mau

Kein Drehmomentausgleich 87

Kontrolliertes Aufsetzen ist das Ziel

Der Wegfall dieser Komponente kann vielfache Ursachen haben. Die Unterbrechung des Antriebes kann vom Hauptgetriebe ausgehen, die Umlenkgetriebe können beschädigt sein, der Heckrotor hatte Hindernisberührung oder wurde inaktiv durch angesaugte Gegenstände. Auch die Kollision mit einem Vogelschwarm kann sich desaströs auswirken und die Steuerung des Drehmomentausgleichs kann ausfallen durch Unterbrechung der Steuerung wie Blockade oder Riss der Seile und Stoßstangen. Die Situation lässt sich nach bestimmten Verfahren bewältigen.

Es lassen sich die Havarien in drei Situationen gruppieren: Totalausfall mit Verlust, Steuerungsausfall und blockierte Steuerung in zwei unterschiedlichen Situationen, nämlich Heckrotor momentan in »High power«- oder in »Low power«-Stellung. Bei totalem Wegfall des Rotors wird der Hubschrauber kopflastig und giert mit dem Drehmoment aus der Flugrichtung. Sofort wird der Autorotationszustand mit Rücknahme der Triebwerksleistung eingeleitet und die Fahrt für den Sinkflug eingenommen. Eine etwas »verkrampfte« Kurve soll gegen die Windrichtung reichen. Die periodische sowie die kollektiven Steuerungen sind dabei völlig funktionsfähig. Über dem Notlandeplatz wird die »Flare«-Lage eingenommen bis zu Null Fahrt, damit aus dem kurzen senkrechten Sinken mit der Kollektiven ein kontrolliertes Aufsetzen gelingt. Der Hubschrauber wird dann zu drehen beginnen, da jetzt das Drehmoment kurz einsetzt. Bei einem aktiven Zustand des Heckrotors aber ausgefallener Steuerung wird ein flacher Sinkflug an einen Landestreifen herangeführt. Die periodische Steuerung funktioniert und mit dem Pitch wird die Richtung gesteuert, indem dabei die Richtung und das Gieren momentan ignoriert wird. Vor dem Aufsetzen wird der Übergangsauftrieb verlassen und der sinkende Helikopter wird jetzt mit dem Pitch in Aufsetzrichtung gelenkt. Vor diesem Manöver sollte der Zusammenhang und die Reaktion von Pitch und Flugrichtung erflogen werden. Vor allem die Fahrt und die Leistung im stabilen Geradeausflug sind interessant für die Möglichkeit des Erprobens, wie weit der Pitch angehoben oder gesenkt werden kann und bei welcher Pitch/Power-Konstellation ein ungefährliches Aufsetzen gelingen kann.

Beim Ausfall im Schwebeflug soll die »Zeigertrennung« das Drehmoment reduzieren und mit der restlichen Rotordrehzahl abgesetzt werden. Der Hoverflug soll demnach nicht zu hoch über Grund stattfinden, um den Drehzahlabbau zu verzögern.

Vereisung

Nicht ungefährlich ...

88

Auch Hubschrauber kennen diese Gefahr, die nicht nur Starrflügler bedroht. Sobald die dem Luftstrom ausgesetzten Teile stellenweise Eis ansetzen, wächst diese Masse, wenn keine Wärme zugeführt wird. Die sogenannte innere Vereisung entsteht, wenn im »Standard«-Vergasersystem in der Verengung durch den Venturi-Effekt die angesaugte Luft unter die Nullgrad-Marke sinkt und die Luftmasse zunehmend zufriert. Die Temperatur nimmt trotz deutlicher Plustemperatur in den Minusbereich ab. Das Tückische dieser Eisbildung ist ihr zweifelhaftes Erscheinungsbild und oft die zu späte Gegenmaßnahme durch beheizte Ansaugluft. Währenddessen ist mit deutlichem Leistungsabfall zu rechnen. Die äußere Vereisung betrifft die Außenhaut der Zelle in Form eines Überzugs durch Raureif. Die Sichtbehinderung durch geschlossene Eisschicht muss rechtzeitig verhindert werden. Der Eisansatz der Hauptrotorblätter entsteht zunächst an den inneren Partien, da die äußeren durch die bei hoher Umfangsgeschwindigkeit wirkende aerodynamische Aufheizung über der Nullgradgrenze hält.

Verschiedene Gefahren

Während beim Durchflug einer Warmfront ihr kleintropfiges Wasser das bekannte Pilzeis bildet, setzt sich in Kaltfrontdurchflügen transparentes Klareis mit glattem Überzug und Gewichtszunahme an. Pilzeis entwickelt eine strömungsstörende Leiste an den Blattnasen auch am Heckrotor. Es wurde eine elektrische Beheizung der Blätter entwickelt, auch mit chemischen Mitteln wurde experimentiert. Gefährlich können abplatzende Eisstücke für den Heckrotor werden. Schäden und verstärkte Schwingungen durch ungleichmäßige Abplatzungen sind die Folge.

Ein mächtiger Gegner ist ein extremer Wintereinfluss.

Bild: Archiv Michael Mau

White out, snow out

89

Schnee kann zum Problem werden

Eine oft unterschätzte Gefahr geht für Hubschrauber vom Einflug in verschneite Gebiete und von dortigen Starts und Landungen aus. Die typische Gefährdung lauert nicht nur in der zunehmenden Sichtbehinderung, sondern besonders im plötzlichen Sichtverlust. Im Falle eines Starts über verschneiter Fläche kann mit einem beschleunigten Start aus der Schneewolke »geflüchtet« werden. Ein zögerlicher Verbleib im Bodeneinfluss kann zur vollkommenen Schneeverwirbelung führen und das gesamte Umfeld verhängen. Wenn im Endteil der Landephase der Übergangsauftrieb verlassen ist und der Bodeneinfluss über der Schneefläche eintritt, geht die Sicht rasch auf Null zurück und der »Snow out« verdeckt die wichtigen Bezugsobjekte. Besonders kritisch wird die Kontrolle der Fluglage – selbst bei fester Schneedecke – wenn dann im Schwebeflug der Untergrund und die Umgebung weiß und konturlos erscheinen. Es fehlen sichtbare Gegenstände bekannter Größe und Form. Ohne sichtbare Referenzen bleibt nur ein Abbruch der Landeabsicht.

Das Schlimmste für die Helikopter-Fliegerei ist der abrupte Sichtverlust. Bild: Archiv Mau

Rückenwindlandung

90

Das macht man weniger gern

Üblicherweise wird mit dem Helikopter gegen die Windrichtung wie mit einem Flächenflugzeug gelandet. Es gibt aber Situationen, in denen dies aus verschiedenen Gründen nicht möglich ist und der Rückenwind in Kauf genommen werden muss. Beispiele sind zur Hilfeleistung, bei Unfällen, technische oder menschliche Probleme und nach Havarien mit dem selbst geflogenen Helikopter. Eine der bekanntesten Möglichkeiten ist der Anflug auf begrenzte Flächen zwischen Gebäuden oder hochragenden

Hindernissen. Nachdem die gegenwärtige Windsituation erkundet wurde und sich keine Alternative betreffend Abschwächung oder Änderung der Anflugrichtung ergibt, wird zunächst der Anflugsektor festgelegt. Bei der Annäherung, die zwischen massiven Objekten erfolgt, muss auch die Entwicklung von Leewirbeln und Turbulenzen eingeschätzt werden. Der endliche Landeraum oder -platz soll frei von Personen und Tieren sein. Auch diese können vom Landevorgang ablenken. Verständlicherweise haben rasch herbeieilende Neugierige mangelnde Ein- und Übersicht über das Geschehen. Wenn der Rückenwind schiebt und der Anflugwinkel nicht mehr der Anflugbahn entspricht oder die Annäherung zum Landespot zu schnell erfolgt, wird oft der Kollektiv gesenkt, um zum erforderlichen Winkel zu korrigieren. Das ergibt meist eine zu schnelle Sinkrate und bringt den Hubschrauber in die Nähe des Wirbelringstadiums.

Bevor sich dieser Gefahrenzustand einstellt und weiterentwickelt, sollte Vorwärtsfahrt aufgenommen und der Helikopter dadurch in den Übergangsauftrieb »gerettet« werden. Die Rückenwindkomponente ist zur eigenen Geschwindigkeit zu addieren. Damit entsteht der Eindruck, dass man den gewählten Aufsetzpunkt überschießt und durchstarten muss, also das Manöver wiederholt. Es ist wichtig, dass die Sinkrate nicht noch gesteigert wird, wenn die Annäherung – englisch »Approach« – bereits mit üblicher Fahrt schon zu schnell erscheint. Mit der endlich im letzten Teil der Landung verringerten Fahrt bis zur üblichen Schwebegeschwindigkeit verliert sich der Übergangsauftrieb, der jedoch im Stand des Hubschraubers auch von hinten wieder

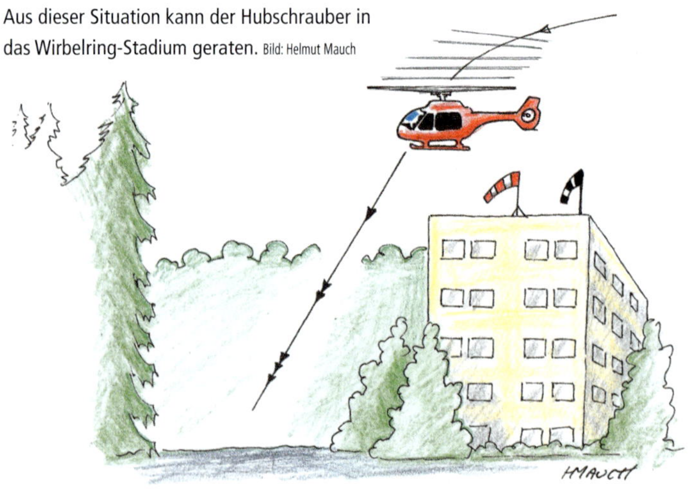

Aus dieser Situation kann der Hubschrauber in das Wirbelring-Stadium geraten. Bild: Helmut Mauch

eintritt, wenn die Windstärke dazu ausreicht. Dann ist der Bodeneffekt durch die »Schrägwirkung« des Rotorstrahls nicht wirksam. Allerdings gibt der Heckrotor dem Rückenwind nach und die Stabilisierungsflächen verlieren ihre Wirkung – wegen des umgekehrten Wetterfahnen-Effekts. Überraschen kann der aufgewirbelte Staub, der vor das Cockpit weht. Allerdings ist nach Behebung der Störungen, die diese Rückenwindaktion erforderlich machten, jetzt ein Wiederstart in den Gegenwind möglich. Er verhilft auch zu einem steileren Start und Steigflug über die Hindernisse.

91

Ausbildung

Keine einfache Sache

Die Ausbildung zum Hubschrauberpiloten ist etwas umfassender als zum Flächenpiloten. Auch die Lizenzierung zum Fluglehrer dringt auf geduldige und fachkundige Anleitung des Flugschülers. Die etwas differenzierte Handhabung des Hubschraubers erfordert exakte und pädagogische Vermittlung der Verhaltensweisen des Drehflüglers. Das Verantwortungsbewusstsein ist ein sehr wichtiger Aspekt beim Fluglehrer, dies tritt besonders dann hervor, wenn der Schüler zum ersten Alleinflug antritt. Das Minimum der Flugstunden mit dem Lehrer an Bord von 35 Stunden kann je nach Qualifikation überschritten werden. Zusätzlich dann, wenn sich ein Aspirant gerade als »Spätzünder« entpuppt. Manchmal entwickeln diese auch eine sehr fundierte und kenntnisreiche Einstellung und in der Praxis viel Talent. Das Ausbildungsprogramm beinhaltet Schwebeflug, Platzrundenflüge, Autorotationen und weitere Verhaltensübungen in simulierten Notfällen. Außer den platznahen Manövern steht auch ein Navigationsflug auf der Liste, der nach bestimmter Unterrichtung auch solo stattfindet. Die theoretische Ausbildung betrifft Fächer wie Aerodynamik, Fluglehre, Technik, Wetterkunde, Navigation, Sprechfunk, Flugphysiologie, Luftrecht und Verhalten in besonde-

Die Flugschule, in der der Autor Helmut Mauch lange Jahre tätig war. Bild: Friedrich Stapf

ren Fällen. Den Abschluss bildet eine theoretische und danach eine Praxis-Prüfung. Die Private Piloten-Lizenz für Hubschrauber (PPLH) wird jeweils jährlich verlängert nach dem Nachweis eines Minimums an Flugstunden. Diese Pflichtstunden können durch Flugstunden mit einem Lehrer reduziert werden. Da der Erwerb einer Lizenz sehr kostenintensiv ist, versucht man, mit dem Pflichtmaß auszukommen. Bei der Anstellung von größeren Firmen kann auch der Aufbau einer weiteren Lizenz wie zum Fluglehrer und zum Berufspiloten möglich sein. Auch zusätzliche Lizenzen wie Instrumentenflug-Berechtigung sind möglich.

92 Instrumentenflug

Auch »Blindflug« genannt

Der Flug ohne Sicht ist auch mit den dafür ausgestatteten Hubschraubern und mit dem entsprechend lizenzierten Personal möglich. Der gesamte Ablauf des Fluges folgt einem Flugplan und gemäß diesem Vorhaben ist zu verfahren. Natürlich sind die Wetterverhältnisse zu beachten. So kann für den Helikopter eine Vereisungsgefahr flugausschließend sein. Ebenso zu tiefe Wolkenuntergrenze beim Start und bei der Landung. Der Flug findet – wenn alle Bedingungen stimmen – dann unter »IMC« statt (Instrument meteorological conditions). Oder: Instrumentenflug-Bedingungen. Die meisten Helikopter werden mit einer doppelten Crew geflogen, auch einige von einer Single Crew. Je nach Komplexität des geflogenen Musters und der zumutbaren Mehrfachbelastung wird dies entschieden. Die Ausrüstung mit einem Autopiloten bedeutet eine enorme Entlastung.

Die Flugführung verläuft nach dem beantragten Flugplan und wenn es die Verkehrslage des Luftraumes erfordert, auch Änderungen des Flugweges und auch der Flughöhe. So werden im »kontrollierten Luftraum« konfliktarme Situationen geschaffen und dennoch die kürzesten Verbindungen zwischen den Flugplätzen möglichst eingehalten. Auch die Flugplätze müssen für Start und Landung nach Instrumentenflugregeln ausgestattet sein. Das sind ILS (Instrumenten-Lande-System), GCA: wird von Bodenstation aus nach Darstellung auf dem Radargerät »heruntergesprochen« (Ground Controlled Approach). Die Bordinstrumente zeigen Fluglage, Höhe, Richtung und Tendenzen an. Die navigatorische Situation »illustriert« ein GPS-Gerät (Global Positioning System) und stellt die Position betreffend Luftraumstruktur und Erdoberfläche anschaulich dreidimensional und in verschiedenen Farben dar.

Passagiere

93

Das richtige Verhalten ist wichtig

Jede Person, die sich an Bord eines Hubschraubers befindet und ohne eine Funktion mitfliegt, gilt als Passagier. Manche haben als solche bereits Erfahrung und viele erleben ihren Erstflug mit einem Drehflügler. Vieles daran ist eine fremde und komplizierte Materie und bedarf eigentlich einer intensiven Einweisung. Solange die Rotoren noch stehen, ist eine praxisnahe Erläuterung der einzelnen Komponenten einfacher als aus der Ferne. Bei laufenden Triebwerken und drehenden Rotoren soll man sich keinesfalls von hinten dem Hubschrauber nähern, denn dieser Bereich ist von der Besatzung nicht einsehbar. Zudem ist der Heckrotor aus der schmalsten Perspektive schwer erkennbar. Einem Helikopter muss man sich immer von den Seiten oder von vorn nähern und zwar mit Blickkontakt zum Piloten. Dabei ist noch auf eindeutige Handzeichen zu achten. Beim Einstieg zum Beispiel auf den Copilotensitz ist darauf zu achten, dass keine Steuerorgane berührt oder bewegt werden. Bei etwas umständlichen Bemühungen ist ein Hängenbleiben immer möglich. Die Annäherung muss in gebückter Haltung erfolgen, denn bei manchen Helikoptern ist der Unterschied zwischen Höhe des Rotorkreises und der Bodenfläche schwer einschätzbar. Dieser Umstand ist bei einer Abstellfläche mit Gefälle absolut zu beachten, da der Abstand des Rotors auf der Hangseite wesentlich geringer ist als auf der Talseite.

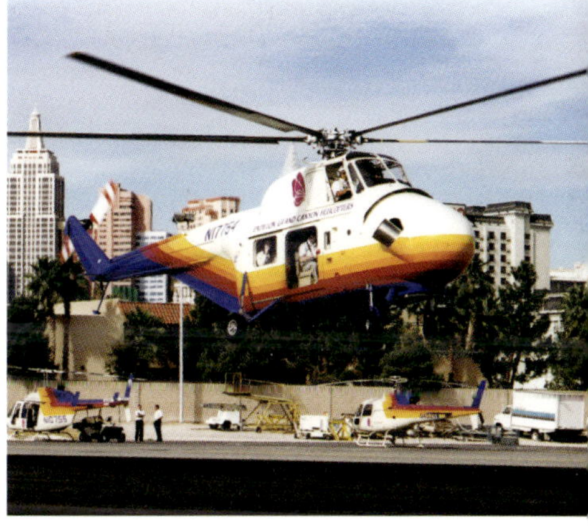

Flossen und der Rumpf verhalten sich in günstigster Anströmrichtung. Bild: Michael Mau

Wenn sperriges Material mitgenommen wird, ist es möglichst horizontal zu hantieren. Oft wird auch versucht, Taschen und Fotoähnliches mit ins Cockpit zunehmen. Damit können Steuerorgane blockiert werden. Kein Relikt aus alten Zeiten: Die bekannte Tüte bei Luftkranken. Die Mitnahme von Rettungstieren sollte die Ausnahme sein.

Schwieriges Manöver: Hoist

Retten ohne zu landen

94

Aus dem Englischen übersetzt bedeutet »hoist« so viel wie: Hochziehen, Aufzug. Dies trifft auch bei einem Hubschrauber zu, wenn er aus einem Gelände, welches keine Landemöglichkeit bietet, eine Last absetzen oder aufnehmen soll. Die dafür erforderliche Ausrüstung ist eine außen an der Hubschrauberzelle angebrachte Seilwinde, die elektrisch oder mithilfe hydraulischer Kraft betrieben wird.

Die Winde ist über der Zugangstür montiert mit geringem Abstand zur Stufe des Kabinenbodens. Es soll kein zu großer seitlicher Hebelarm entstehen, wenn eine größere Last gehievt werden soll. Der Windenarm ist

Besonders im winterlichen Gebirge ist bei einem Hoist-Manöver höchste Konzentration erforderlich. Bild: Eurocopter

Bei dieser »Abseilübung« wird von Mensch und Maschine aerodynamische und Muskelkraft beansprucht. Bild: Archiv Michael Mau

meist an einem Gelenk schwenkbar gelagert. So kann zum Beispiel eine Person oder Rettungspersonal mit dem in der Trage befindlichen Verletzten beigeschwenkt werden. Die Kapazität ist gewichtsmäßig begrenzt, aber die Tragfähigkeit bewältigt jedenfalls zwei Personen plus Trage. Der Windenmotor darf ebenfalls nicht überstrapaziert werden und die Belastung des Windenseils ist genau einzuhalten.

Mögliche Probleme beim Einsatz

Wenn das Seil mit der Last in Pendelbewegung gelangt, wird es schwierig, diese Schaukelphasen zu beruhigen und das Aufgenommene nicht aus dem Schwerpunktbereich zu lassen. Vom Piloten aus ist der Aufnahmeort oft schlecht oder nicht einsehbar, dann kommt es auf die genaue Einweisung durch den Mitfliegenden oder auf am Boden befindliches Personal an. Die Seillängen sind verschieden und je steiler zum Beispiel eine Felswand ist, an die sich der Hubschrauber annähern muss, desto länger muss auch das Seil sein. 60 Meter sind durchaus möglich. Im Notfall – wenn sich zum Beispiel das Seil verhakt – kann ein »Cable cutter« die Last abwerfen.

Luftrettung

95

Eine überaus wichtige Aufgabe

Einen großen Anteil am Luftverkehr im unteren Luftraum nimmt der Hubschrauber ein. Außer Polizeiaufgaben nimmt die Rettung aus der Luft einen beachtlichen Bereich wahr. Der Ruf nach dem stets auf Abruf bereiten Rettungshubschrauber hat schon viele Menschenleben gerettet. Das Rettungswesen mit dem Helikopter wurde durchorganisiert und gebietsweise aufgegliedert, sodass die verfügbare Bereitstellung und die kürzeste Entfernung auch mit den erreichbaren Krankenhäusern koordiniert werden.

Die Wege zu den Unfallstellen sind oft schwierig zugänglich und oft sind Landungen ganz nah an den Verunfallten nicht immer machbar und die Absicherung des Geländes ist auch nicht spontan möglich. Das Rettungsmittel Hubschrauber wurde parallel zur medizinischen Einwicklung an die Erste Hilfe angepasst und die meisten Rettungshubschrauber sind nicht nur für die Erstversorgung eingerichtet, diese sind sogar als fliegende Intensivstationen ausgerüstet. Man kann die Ambulanzhubschrauber auch als fliegende Klinik einsetzen. Die Nachtflugtauglichkeit wird durch Infrarottechnik unterstützt und erfordert die entsprechende Qualifikation des fliegenden Personals. Satellitennavigation und Hinderniswarngerät sind bereits Standardausrüstung. Auch der Windenbetrieb erweitert das Rettungsspektrum der Hilfsmittel. Nachtsichttauglichkeit von Mensch und Maschine werden immer dringlicher und von der Öffentlichkeit als selbstverständlich angenommen.

Die Reaktion auf einen Hilferuf aus der Bergwelt ist bereits fast zur Routine geworden. Der hohe Schwierigkeitsgrad mancher Rettungsaktionen bringt selbst das Rettungspersonal in gefährliche Situationen. Die alpinen Bergretter können dicke Bände darüber schreiben!

Rettungsaktion im Gebirge. Der eingesetzte Hubschrauber ist eine EC-145. Bild: Archiv Michael Mau

Löscheinsätze

Der Sommer 2022 forderte Einsatz

Bilder und Reportagen in den Medien von Bränden in größeren Ausmaßen sind bereits alltäglich. Neben Löschflugzeugen sieht man auch Hubschrauber in größerer Zahl bei den Löschversuchen. Es macht zwar den Eindruck des »Tropfens auf einen heißen Stein«, aber es gibt auch sichtbare Erfolge bei zum Teil schwer zugänglichen Brandflächen. Aufgabe eines Löschhubschraubers sind Aufnahme des Löschmittels bestehend aus Wasser und oft auch chemischen Zusätze, Transport zum Brandgebiet und dortige Verteilung und Versprühung. Der Aktionsradius »Löschmittelquelle – Brandherd – Löschmittelquelle und Kraftstofftankstelle« verlangt rasche Organisation und Kalkulation unter Zeitdruck. Auch Informationen über die Wettersituation sind unverzichtbar. Der Flug über der Brandfläche ist häufig stark eingeschränkt durch ungleichmäßiges Aufflackern und Richtungswechsel des Flammenmeers. Ein kurzes Durchfliegen einer gering scheinenden Rauchwolke kann auch für Helikopter gefährlich sein. Oft sind Geländeteile in Rauch gehüllt und erschweren den Einsatz zusätzlich für ortsunkundige Besatzungen. Meist eingesetzte Hubschraubertypen sind die EC-225, Sikorsky S-64, Mi-26, AS-350 und Sikorsky S-70. Das Löschwasser kann über einen Tankrüssel aufgenommen werden. Die S-64 trägt 9.000 Liter im untermontierten Tank.

Spektakulärer Löscheinsatz im Gebirge. Die Atmung von Mensch und Triebwerk ist in dieser Einsatzsituation sehr gefährdet. Bild: Agusta Westland

Wettbewerbe

97 Wenn Hubschrauber friedlich kämpfen

Auch mit dem Hubschrauber lassen sich die fliegerischen Talente messen. Die Wettbewerbe wurden bisher auf nationaler und europäischer Ebene ausgetragen. Der erste deutsche Hubschrauber-Wettbewerb fand in den 1960er-Jahren auf dem Flugplatz Niedermendig statt und die Teilnehmer kamen aus dem Privat- und Firmenbereich sowie vom Militär. Die damals benutzten Helikoptertypen betrafen Brantly, Hughes-269, Bell-47, Bell-206, Bristol Sycamore, Alouette II und Sikorsky CH-34.

Es war und ist auch noch gegenwärtig schwierig, vergleichbare und gerechte Bedingungen zu schaffen. Einige Maschinen sind schwieriger und komplexer zu beherrschen als wendigere. Dann kommt es darauf an, wie eingespielt die Besatzung ist. Teamarbeit ist entscheidend bei Manövern mit erforderlicher Präzision. In allen Bereichen steht trotz der Wettbewerbsatmosphäre die Sicherheit an erster Stelle. Es sind Übungen, die bereits teilweise während der Schulung praktiziert wurden. Nach langer Zeit ohne spezielles Wiederholen bedeutet das Zwang zum raschen Zurechtfinden in den Bedingungen. Folgende Manöver werden verlangt: Hoverübungen mit einem untergehängten Gewicht innerhalb einer markierten Gasse, Absetzen eines Gefäßes mit Wasser auf einem Tisch, Abseilen eines »Überlebenspakets« durch eine Dachluke, Navigatorische Präzisions- und Pünktlichkeitsaufgabe. Autorotation mit Abfangen mit Leistung innerhalb eines Kreises.

Bei Wettbewerben wird manchmal der Sicherheitsrahmen überschritten. Bild: Rony Wenske

Formationsflug

98

Keine einfache Übung

Damit ist eine Gruppe von Luftfahrzeugen gemeint, die entweder aus Spaß oder Neugier dicht nebeneinander in gleicher Richtung, Höhe und mit ähnlicher Geschwindigkeit fliegen. Es kann aber auch wegen eines bestimmten Dringlichkeitsfall oder generell aus Hilfsgründen erfolgen müssen, dass eine Störung oder Schaden an einem Luftfahrzeug in der Luft begutachtet werden soll. Sind es zum Beispiel zwei gleiche Muster, ist das Einhalten einer Position relativ zum Havaristen einfacher, da man die Flugeigenschaften besser kennt als an einem zufällig Genäherten. Die Gründe für die Einnahme und Beibehaltung eines sicheren Abstandes zwischen den beiden Mustern ist die mögliche Fehlfunktion des Fahrwerks an einem Starrflügler, wobei auch umgekehrt der Fall an einem Helikopter mit dessen Einziehfahrwerk eintreten kann.

Formationsflüge sind nur mit genügend Abstand zu überleben. Bild: Archiv Michael Mau

Eine sichere Maßnahme vor der Einnahme der geeigneten Position ist der sichere seitliche Abstand, um außerhalb der Turbulenzwelle zu bleiben. Bei reduzierter Fahrt bildet sich der Randwirbel stärker aus und auch Helikopter geraten in eine unruhige Fluglage, welche die Distanz zum »Nachbarn« gefährlich verkleinern können. Funksprechverkehr soll auf einer verfügbaren Frequenz stattfinden.

Worauf man besonders achten muss

Der am meisten problematische Aspekt ist die Suche nach einem oder mehreren Referenzpunkten an dem begleiteten Helikopter. Die Rümpfe mancher Muster weisen viele Flächen mit sphärischen Wölbungen auf, an denen man sich zunächst nicht einfach optisch »ankuppeln« und orientieren kann. Veränderungen oder Abwanderungen von der beabsichtigten Position sind dann erst bei größerem Ausmaß erkennbar und die folgende Reaktion erfolgt dann fast impulsiv und unangemessen. Womöglich taucht man in die Wirbelstraße ein. Falls aus Wettergründen oder wegen Navigationsproblemen einem Helikopter gefolgt werden muss, soll auch bei minimalen Bedingungen aus Sicherheitsgründen der Abstand in jedem Fall streng eingehalten werden. Folgt man einem Helikopter, entschließt man sich zur Bestimmung von sicheren Referenzpunkten aus mindestens zwei markanten Bauteilen oder optisch auffälligen Elementen der Zelle. Wählt man zum Beispiel die Verbindungslinien der Kufen als eine imaginäre Fläche, erfasst sie eine Höhenänderung, eine geringe Verschiebung des Abstands und gleichzeitig eine Fahrtveränderung. Es bieten sich viele kontrastreiche Referenzen, so zum Beispiel Heckausleger, Triebwerke, Kabinenrahmen, Tankgestalt und Rotormast. Bei der Einleitung des Sinkfluges oder einer Richtungsänderung muss dies vom Vordermann rechtzeitig angekündigt werden, um eine Kollision zu vermeiden.

Fünf Westland SH-3 H »Sea King« der U. S. Navy demonstrieren für die Kamera den perfekten Formationsflug. Bild: Westland

Huey und Hip

99

Die meistgebauten Hubschrauber

Die Karriere der Mi-8 begann 1960 noch mit einem Vierblattrotor, angetrieben von einer 2.700 WPS starken Turbine. Im Verlauf der Entwicklung wurden zwei Turbinen von je 1.500 WPS auf der Kabine aufgesetzt. Auch erhielt der Rotor ein fünftes Blatt. Die militärischen Versionen wurden mit Waffenstationen ausgerüstet, mit sechs Außenstationen für Raketenabschussbehälter mit ungelenkten Raketen, Panzerabwehrlenkflugkörper und einem Bug-MG. Die Herstellung überstieg die Zahl von 12.000 Exemplaren.

Mil Mi-8 im Polizeieinsatz. Bild: Milosz Rusiecki

Die UH-1 »Huey« oder »Teppichklopfer« (zivil: Bell 204) flog 1956 erstmals und wurde von einer Lycoming-Turbine mit 860 WPS angetrieben. Die bekannte Überarbeitung Bell 205 – auch Huey genannt – erhielt eine vergrößerte Kabine und wurde in Versionen mit der Lycoming-Turbine T53 L-13 mit 1.400 WPS angetrieben. Die UH-1 ist mit rund 16.000 Exemplaren der meistgebaute Hubschrauber der Welt.

Im Vietnamkrieg spielte die UH-1 eine bedeutende Rolle. Bild: James K. F. Dung, SFC

Hubschrauber-Kunstflug

Zuerst einfach nicht möglich

100

An einen Kunstflug zu denken war in der Anfangszeit des Drehflüglers unmöglich. Zuerst waren andere Probleme zu bewältigen. Schwachstelle war stets die »Aufhängung« der Hubschrauberzelle am Rotorkopf. Bei irgendwelchen Extremfluglagen kam es zur Berührung der statischen Anschläge zwischen den Schlaggelenken bis hin zum sogenannten »Mast bumping« oder sogar Anschlag auf dem Heckausleger. Es kamen auch während des Normaleinsatzes Abweichungen über die erprobte Begrenzung hinaus vor.

Entscheidend ist der Rotorkopf

Es wurde lange an einer extrem belastbaren Ausführung des Rotorkopfes geprobt. Die ideale Lösung schien der starre Blattanschluss zu werden. Es gab solche mit Stahllamellen, die gleichzeitig Schlag- und Schwenkbewegungen auffingen. Es gab zunächst nur ein Drehgelenk zur

Der starre Rotorkopf von MBB bei der Bo-105 war einer der Königswege für volle Flexibilität in allen Fluglagen. Bild: Michael Mau

Der Starrrotor ermöglicht solche Akrobatikfiguren – Anfängern nicht empfohlen! Bild: M. Mau

Blattverstellung. Es folgten Erfindungen wie die EC-135, deren gelenkloser Rotorkopf eine starre Verbindung zu den Blättern hält, deren innere Partien aus flexiblen Kunststoffbarren bestehen. Diese überstreift ein »Ärmel«, der mit dem Blattverstellhebel verbunden ist.

Kunstflug-Expertin Bo-105

Bereits mit der von MBB gefertigten Bo-105 wurde das volle Kunstflugprogramm ermöglicht. Dabei werden zunächst die Grundfiguren wie auf der Starrflügler-Aerobatik-Liste versucht. Die sichersten und einfachsten Figuren lassen sich mit Fahrt und geringer dynamischer Belastung fliegen. Durch sämtliche ungewöhnliche Fluglagen hindurch muss auch die psychische und physische Belastung bedacht werden, da streckenweise die »Erde durch das Dach« schaut. Zuerst denkt der Kunstflug-Aspirant an den »Loop« – den Überschlag rückwärts, die »Rolle links und rechts«, auch die »barrel roll« besser bekannt als Fassrolle. Die am meisten gewöhnungsbedürftigen Figuren sind Loop vorwärts und Turn, die teilweise keine oder negative Beschleunigung erzeugen. Die ersten Meisterschaften im Kunstflug fanden in England statt, Als Pionier und Ikone des Hubschrauber-Kunstflugs gilt der Deutsche Charly Zimmermann, der mit der Bo-105 unzählige Wettbewerbe gewonnen hat.

Hybrid-Antrieb

101

Blick in die Zukunft

Aus unterschiedlichen Gründen befinden sich verschiedene Arten von Antrieben im Versuchsstadium oder sind bereits praktisch eingesetzt. »Möglichst weit weg vom üblichen Flugkraftstoff« – aus Umweltgründen, heißt die Devise. Die Alternative bieten Elektrizität und Wasserstoff. Das Konzept des Hybrid-Antriebs ergibt die Eigenschaft eines »Zwitterwesens« oder »Kreuzung«, besser bezeichnet als Mischantrieb. Doch zunächst zum Strombenutzer. Dazu wird in einem Luftfahrzeug eine Gasturbine mit Flugkraftstoff genutzt, die einen elektrischen Generator antreibt und dieser die Batterien auflädt. Von diesen wird der Elektromotor angetrieben, der mit mehreren Propellern – sprich Luftschrauben oder Rotoren – verbunden ist. Die Rotoren können auch mit der Gasturbine betrieben werden. Es wurde in einem Versuch das Originaltriebwerk in einem Hubschrauber durch einen luftgekühlten Elektromotor ersetzt. Die Leistung war gleich. Der elektrische Antrieb war zwar leichter, doch das hohe Einbaugewicht der Batterien hob diesen Vorteil auf.

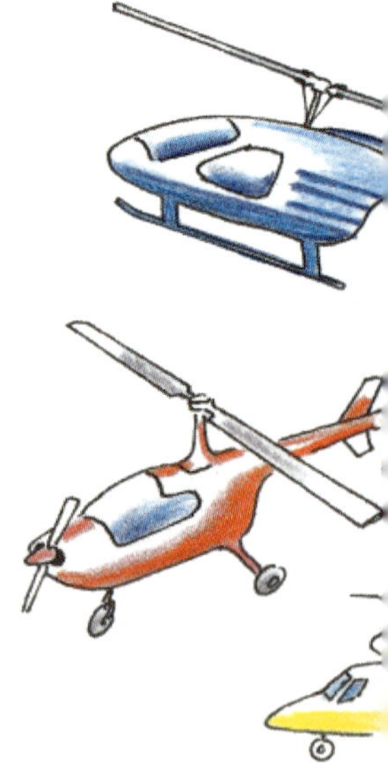

Elektrisch und Wasserstoff

Bei einem Gedankenmodell des VTOL-Geräts (Vertical Take Off and Landing) werden Vertikalstart und -landung elektrisch durchgeführt und der Reiseflug mit »State of the Art«-Batterien unterstützt. Die Konzepte wurden seit einiger Zeit vorgestellt und in Verbindung mit der Verwendung im Taxidienst und bei medizinischer Versorgung gebracht.

Die Entwicklung eines mit Wasserstoff getriebenen Helikopters wird noch einige Forschungsarbeit erfordern. Die Umstellung von Benzin oder Kerosin auf Wasserstoff birgt noch viele Probleme und ist nicht mit der gleichen Technologie zu bewerkstelligen. Die Tankkapazitäten, die Zuleitungen, die Zustandsänderung in Richtung gasförmig und die Steuerung der Verbrennungstechnik sind noch eine Wissenschaft für sich.

Mit Interesse ist zu beobachten, wie sich die Wasserstoffantriebs-Technologie auf dem Flugzeugsektor entwickelt und wie diese sich für den Hubschrauberbereich erschließen wird. Es sind noch einige Hindernisse zu überwinden, zumal der Umgang mit diesem Treibstoff noch viele Umstellungen bedeuten wird. Fakt bleibt: Die Brennstoffzellen wandeln Luftsauerstoff und Wasserstoff in elektrische Energie um.

Die Familie der Drehflügler ist bereit für zukünftige Antriebstechnologie. Bild: Helmut Mauch

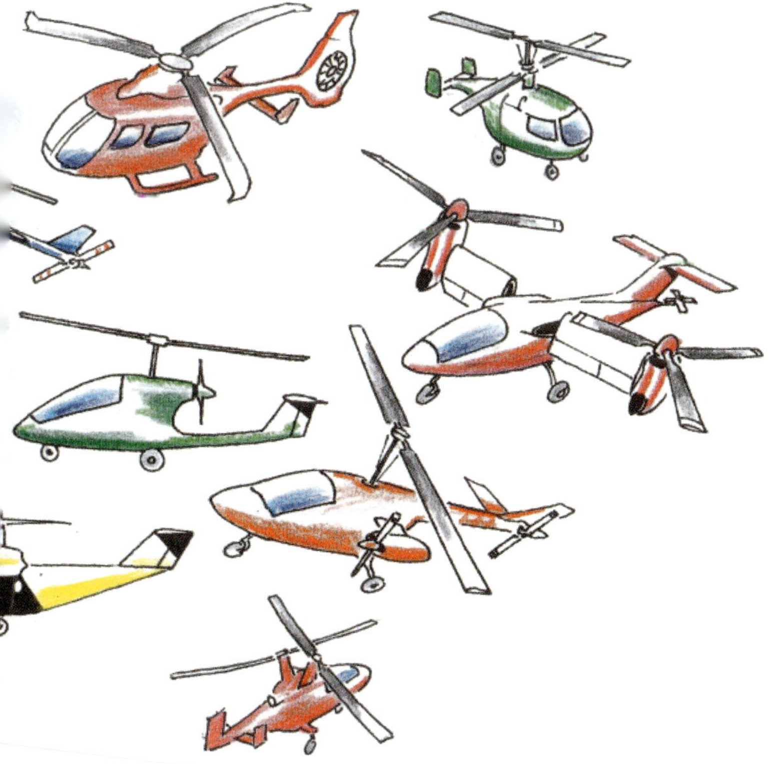

Impressum

Verantwortlich: Lothar Reiserer
Umschlag: GM/Regina Degenkolbe
Layout: Azurmedia, Augsburg
Schlusskorrektur: Michael Dörflinger

Repro: LUDWIG:media
Herstellung: Anna Katavic
Printed in Slovenia by Florjancic

Sind Sie mit diesem Titel zufrieden? Dann würden wir uns über Ihre Weiterempfehlung freuen. Erzählen Sie es im Freundeskreis, berichten Sie Ihrem Buchhändler oder bewerten Sie bei Ihrem nächsten Onlinekauf. Und wenn Sie Kritik, Korrekturen oder Aktualisierungen haben, freuen wir uns über Ihre Nachricht an GeraMond Media, Postfach 40 02 09, D-80702 München oder per E-Mail an lektorat@verlagshaus.de.

Unser komplettes Programm finden Sie unter 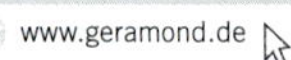

Bildnachweis Umschlag: Vorderseite – shutterstock/Douglas Cliff; Rückseite – Michael Mau
Bild Seite 2: Michael Mau

Alle Angaben dieses Werkes wurden vom Autor sorgfältig recherchiert und auf den neuesten Stand gebracht sowie vom Verlag geprüft. Für die Richtigkeit der Angaben kann jedoch keine Haftung übernommen werden, weshalb die Nutzung auf eigene Gefahr erfolgt.

Dieses Werk enthält historische Abbildungen aus der Zeit der nationalsozialistischen Diktatur, sie können Hakenkreuze oder andere verfassungsfeindliche Symbole beinhalten. Soweit solche Fotos in diesem Werk veröffentlicht werden, dienen sie zur Berichterstattung über Vorgänge des Zeitgeschehens und dokumentieren die militärhistorische und wissenschaftliche Forschung. Diese Publikation befindet sich damit im Einklang mit der Rechtslage in der Bundesrepublik Deutschland, insbeson- dere § 86 (3) StGB. Wer solche Abbildungen aus diesem Werk kopiert und sie propagandistisch im Sinne von § 86 und § 86a StGB verwendet, macht sich strafbar! Redaktion und Verlag distanzieren sich ausdrücklich von jeglicher nationalsozialistischer Gesinnung.

In diesem Buch wird aus Gründen der besseren Lesbarkeit das generische Maskulinum verwendet. Weibliche und anderweitige Geschlechteridentitäten werden dabei ausdrücklich mitgemeint, soweit es für die Aussage erforderlich ist.

Die Deutsche Nationalbibliothek verzeichnet diese Publikation in der Deutschen Nationalbibliografie; detaillierte bibliografische Daten sind im Internet über http://dnb.d-nb.de abrufbar.

Infanteriestraße 11a
80797 München

ISBN 978-3-96453-593-1